Hello，怡情小炒

美食生活工作室 编著

青岛出版社
QINGDAO PUBLISHING HOUSE

图书在版编目（CIP）数据

Hello，怡情小炒 / 美食生活工作室编著 . -- 青岛 : 青岛出版社 , 2016.7

ISBN 978-7-5552-4021-1

Ⅰ . ① H… Ⅱ . ①美… Ⅲ . ①炒菜—菜谱 Ⅳ . ① TS972.12

中国版本图书馆 CIP 数据核字 (2016) 第 115118 号

书　　名　Hello，怡情小炒
编　　著　美食生活工作室
出版发行　青岛出版社
社　　址　青岛市海尔路182号（266061）
本社网址　http://www.qdpub.com
邮购电话　13335059110　　0532-68068026
责任编辑　逄　丹
封面设计　任珊珊
设计制作　潘　婷
制　　版　青岛帝骄文化传播有限公司
印　　刷　潍坊文圣教育印刷有限公司
出版日期　2016年7月第1版　2016年9月第2次印刷
开　　本　16开（710毫米×1010毫米）
印　　张　12
字　　数　140千
图　　数　977幅
印　　数　10001~20000
书　　号　ISBN 978-7-5552-4021-1
定　　价　22.80元

编校质量、盗版监督服务电话　4006532017　0532-68068638

印刷厂服务电话　0536-8062880

建议陈列类别：生活类　美食类

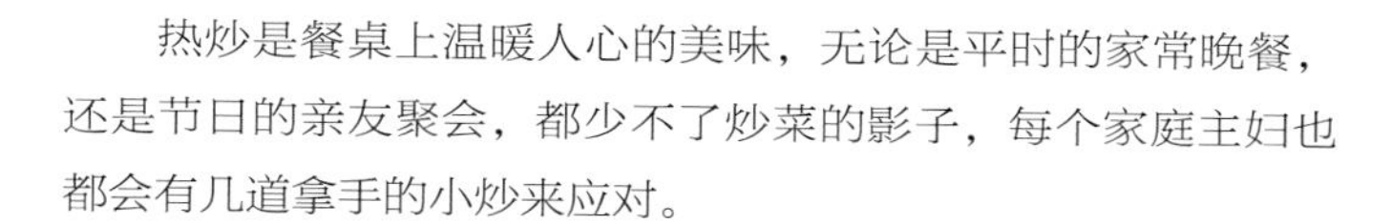

小炒最怡情

热炒是餐桌上温暖人心的美味，无论是平时的家常晚餐，还是节日的亲友聚会，都少不了炒菜的影子，每个家庭主妇也都会有几道拿手的小炒来应对。

炒菜最大的优点是方便、快捷、操作简单。和需要长时间炖煮的菜肴比起来，小炒更适合现代人快节奏的生活方式。但是这看似简单的烹炒方法里，也隐藏着只有内行人才知道的小秘密：怎样炒青菜才会清脆而不黄，怎样炒海鲜才能鲜而不腥，怎样炒牛肉才能嫩而不柴……一份小炒好吃的关键都在这些秘诀上。

炒菜并非只有“老三样”，用应季食材来搭配一道炒菜，更能体现创意，并给味蕾带来新鲜感，比如春季里的生煸豆苗、香煎鲅鱼，带你品尝春意盎然的味道；夏天不光可以喝啤酒，还可以来份啤酒鸡块当下酒菜；秋天金黄色的南瓜上市了，做一份赏心悦目的香焗南瓜；冬季适合吃砂锅山药、冬笋炒腊肉，能让身心都觉得暖暖的。

热菜的烹调技法可谓是五花八门，炒、烧、熘、煸、爆、煎，每一种都能给你带来不同的味觉体验。炒菜的过程也是颇有气氛的，油锅里葱姜爆香，食材倒入瞬间发出的刺啦声，锅铲与锅壁碰撞的铿锵声，空气里飘散的香气，每天都在各家的厨房里陆续上演。

一盘热气腾腾的小炒，能给家人带来最贴心的家常味道。

CONTENTS 目录

第一章 热炒的烹调基础课

第二章 爽脆蔬菜小炒

第三章

醇香肉类小炒

第四章

软嫩禽蛋小炒

第五章

鲜美鱼虾小炒

第一章

热炒的烹调基础课

理论篇

什么是“炒”

“炒”是中国传统烹调方法，是以油为主要导热体，将小型原料用中旺火在较短时间内加热成熟，并调味成菜的一种烹调方法，在家庭厨房中被广泛使用。

炒的过程中，将食物拨散，收拢，再拨散，重复不断操作，使食物总处于运动状态。这种烹调法可使炒出的肉汁多、味美，蔬菜脆嫩。

炒可分为煸炒、滑炒、干炒、清炒等技法。

小炒的基本技法

煸炒

旺火速炒，烹制时间要短。煸炒的方法适宜于烹制新鲜的蔬菜和柔嫩的植物类原料。

滑炒

选用质嫩的动物类原料炒菜时，可使用滑炒。操作时，先用蛋清、淀粉将原料上浆，经过滑油处理后再放配料一同翻炒，勾芡出锅。滑油时要防止原料粘连、脱浆。

滑炒的原料，一般选用去皮、拆骨、剥壳的净料，并切成丝、丁、粒或薄片形状，再行滑炒。滑炒菜肴的特点是滑嫩爽口，适用于烹制鸡丝、虾仁等菜品。

清炒

此法是只有主料没有配料的一种烹炒方法。操作方法与滑炒基本相似。清炒的要领：原料必须新鲜，刀工要整齐。适用于虾仁、肉丝、青菜等菜品的烹制。

干炒

又称干煸。这种烹调方法是炒干原料水分，使主料干香、酥脆。干炒的要领：主料要切成丝状，并在炒前用调料略腌。干炒所用的锅要在炒菜前先烧热，用油涮一下，再留些底油炒。火力要先大后小，以免把原料炒糊。

另外，常见的技法还有抓炒、软炒等。

抓炒：抓炒是抓和炒相结合，快速地炒。将主料挂糊和过油炸透、炸焦后，再与芡汁同炒而成。制糊的方法有两种，一种是用鸡蛋液把淀粉调成粥状糊，一种是用清水把淀粉调成粥状糊。

软炒：软炒是将生的主料加工成泥或蓉状，用汤或水澥成液状（有的主料本身就是液状），再用适量的热油拌炒，特点是成菜松软，色白似雪。

准备篇

如何选择炒锅?

工欲善其事，必先利其器。要想在厨房中一展身手，选择一口适合自己的炒锅至关重要。有“翻锅”习惯的人，最好选择重量较轻、有单边把手的锅。对提倡健康理念的人来说，不粘锅是不错的选择。因为不粘锅的用油量通常较少。选购不粘锅时，最好选择那些经过权威机构认证的品牌，以确保品质。

新锅使用前需要注意哪些问题?

炒锅种类较多，材质差异较大，因此新锅使用之前应该先仔细阅读产品说明书。通常来说，应先用洗涤剂清洗一下，接着擦干水，然后用其烧开一锅水，周身烫一遍。如果是传统的铁锅，则需要先把空锅放在炉子上，用火将外层的胶烤掉，再在锅面上抹一层食用油。

巧手烹炒之食材预处理

1

2

3

4

⊙首先要将所有的食材切细、切薄，大小尽量一致，使之受热均匀，利于同时炒熟。（图1）

○肉类的切法也有讲究，顺着肉纹平行切称为顺纹切，反之则称逆纹切。

⊙鱼、鸡肉质较嫩，煮熟后手稍用力即可撕开，适合顺纹切；猪、牛、羊肉质较粗，需逆纹切，以利于咀嚼。（图2）

○肉类可以先放入调料腌渍入味，一般来说鸡肉腌10分钟即可，猪肉、牛肉、羊肉等则要腌15分钟左右。

⊙鱼片炒制前最好加少许盐抓腌均匀，再加淀粉、蛋清抓腌，可使鱼片更加紧致、鲜嫩。（图3）

⊙虾仁先用蛋清抓腌一下，再加入淀粉和盐拌匀，可使虾仁口感更脆嫩。（图4）

○酱汁要事先调配好，待食材炒熟后，马上转大火，倒入酱汁快速炒匀，起锅后即成。

不同食材的汆烫和过油技巧

在素食原料的处理过程中，掌握一些小窍门或小技巧往往能起到事半功倍的效果，不仅提高效率，减少时间，还能使烹制出来的素食更加安全、美味。

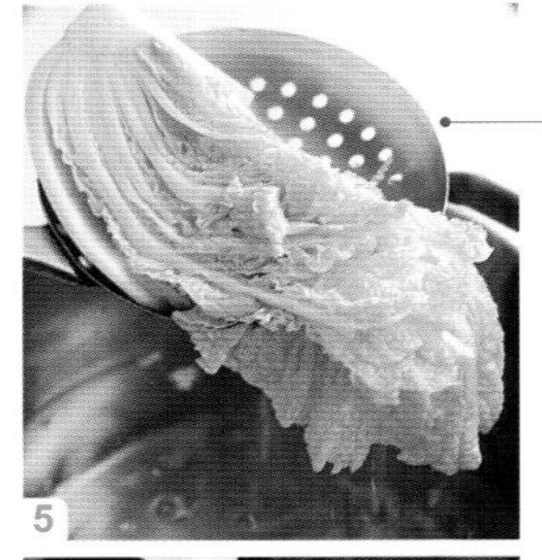

5

汆烫

⊙一般汆烫的方法：锅入大量水（至少要没过食材），大火烧开，将食材入锅，根据食材不同、做法不同，在短时间内使之达到一定的成熟度，锁住颜色和美味。（图5）

○纤维较粗的蔬菜，如西蓝花等，应先汆一下，再快速翻炒，这样处理后，炒出的菜不仅菜色翠绿，也更容易炒透。

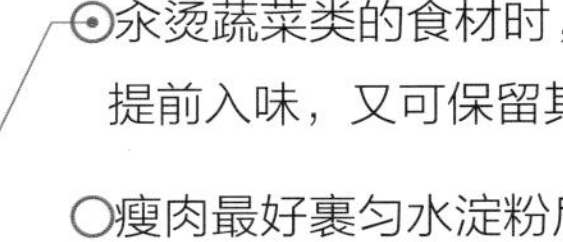

⊙汆烫蔬菜类的食材时，水中可加少许油、盐，这样既可以提前入味，又可保留其翠绿的颜色。（图6）

○瘦肉最好裹匀水淀粉后再汆烫，这样口感更鲜嫩。若肉上带有肥肉，则可省去这一步。

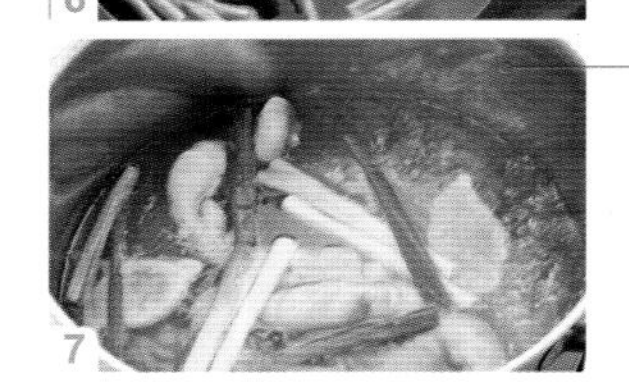

7

⊙本身有腥味的食材最好放入加有葱、姜、酒的开水中汆烫，捞起沥干水后再用于烹调。（图7）

○本身有苦涩味的食材，如苦瓜、青木瓜等，也可以先放入开水中汆烫以去除涩味，捞起沥干水后再用于烹调。

8

过油

⊙过油可在极短的时间内使食材表面迅速变熟，最大程度避免食材内部的水分流失，同时也保留了食物的原味，使其表面吸附料汁的能力更佳。（图8）

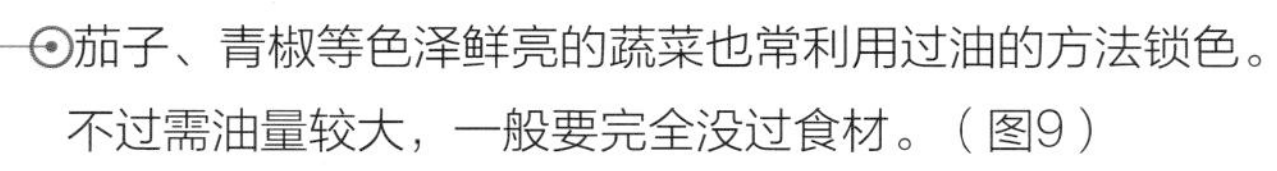

⊙茄子、青椒等色泽鲜亮的蔬菜也常利用过油的方法锁色。不过需油量较大，一般要完全没过食材。（图9）

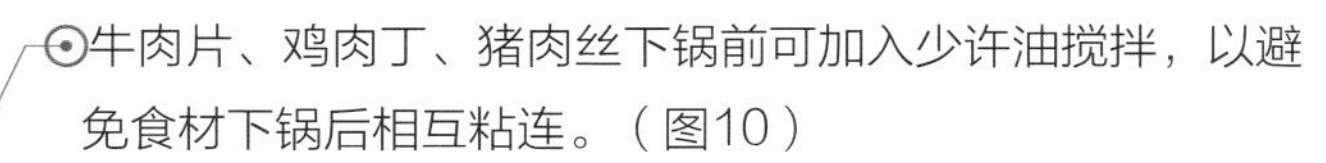

⊙牛肉片、鸡肉丁、猪肉丝下锅前可加入少许油搅拌，以避免食材下锅后相互粘连。（图10）

10

○炒菜时多加一些油，待放入肉炒至八分熟后，将油倒出，再炒其他配料。同时可起到过油的效果。同时，倒出的油也可用来炒其他菜。

烹炒蔬菜有讲究

蔬菜中的营养素，尤其是维生素，大部分怕光、怕氧化、怕高温，还有的易溶于水。为减少这些营养物质的流失，烹调中应注意以下几点：

择菜、洗菜、切菜 **有讲究**

择菜：择菜时尽量保留老叶。由于生长期长、接受光照时间长，老叶中养分积累得多。此外，蔬菜的叶部比茎部维生素C含量高，外层菜叶比内层菜叶含量高。

洗菜：菜要先洗后切，一般不宜切得太碎，切后不要久放，也不要泡在水中过久。

切菜：菜要随切随炒，切忌切好后久置。

炒菜火候 **要注意**

要等锅里的油温超过100℃时，再倒菜入锅。这样既能有效地杀死细菌，又能很快把菜炒熟，还可去掉油和菜的生味，较多地保留蔬菜中的营养素。

适量加醋 **防氧化**

蔬菜炒好即将出锅时，适当放一些醋，既可保色增味，又能保护食物原料中维生素少被破坏，如“醋熘白菜”等。

现炒现吃 **最安全**

剩下的菜回锅重热，会使营养受到损失。

原料焯水 **详区分**

不需要焯水的蔬菜尽量不焯，而某些含草酸较多的蔬菜（如苋菜、菠菜等）必须经过焯水，要用沸水焯水，且出水后尽量不要挤去汁水。

旺火急炒 **效果好**

蔬菜中所含的营养成分大都不耐高温，尤其是芦笋、卷心菜、芹菜、甜菜和大白菜等有叶蔬菜。为使菜梗易熟，可先炒菜梗，再放菜叶一同炒；如要整片长叶下锅炒，可在梗部划上刀痕，会熟得较快。

各种原料通过旺火急炒的方法，可缩短菜肴的加热时间，减少原料中营养素的损失。

勾芡收汁 **保营养**

勾芡收汁可使汤汁浓稠，与菜肴充分融合，既可以避免营养素（如水溶性维生素）的流失，又可使菜肴味道更可口。

如何炒出颜色青翠的蔬菜？

加足量的油

在烹炒菠菜、油菜等青菜时，菜品容易变黑。这一问题的关键在于油量是否充足。充足的油量将青菜包覆起来，就不容易炒黑了。

旺火快炒

一定要用最短的时间将蔬菜炒熟，以保持蔬菜色泽的翠绿，同时可尽可能多地保留营养成分。

加盐、料酒

锅中加入少许盐，并在锅边烹入料酒，也有助于菜肴保持青翠的颜色。

菜梗、菜叶 分开炒

先将菜梗入锅炒至快熟，再放入菜叶快炒，这样炒出来的青菜，其颜色和脆爽口感会比较一致。

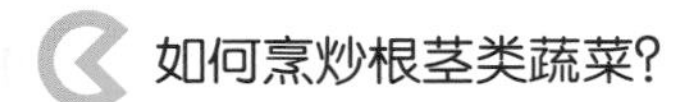

如何烹炒根茎类蔬菜？

过油翻炒

为了将翻炒时间缩至最短，厨师们常会使用过油的方式，帮助瓜果、根茎类等体积大、密度大的蔬果锁色。原料过油后捞出，再入锅与其他原料快速翻炒至熟。过油后的食材可保持翠绿的颜色，口感也清脆爽口。

均匀切块

烹煮根茎类蔬菜前，先去皮，剖成长条，再分切成大小均匀的块，这样可使根茎类蔬菜成熟后口感一致。

浸盐水防氧化

根茎类蔬菜如土豆、莲藕、牛蒡等，切开后须放入盐水中浸泡，以避免氧化变黑。

鱼肉怎样炒才不会散？

顺纹切片

切鱼片必须要顺着纹路切开，炒制时肉质不容易散碎。

腌制上浆

鱼肉过油前宜先用淀粉、蛋清等腌料腌制上浆，在鱼肉表面形成一层保护膜，不容易破碎。

过油定形

炒制前，可将鱼肉过油定形。过油的鱼肉内部比较柔软，外观形状完整。

少用锅铲

鱼肉入锅后，应尽量用手推动炒锅使鱼肉均匀成熟，减少翻拌以免弄碎鱼肉，使鱼肉保持形状完整，同时兼顾美味。

什么肉适合生炒，什么肉需要过油？

油脂多 **宜生炒**

富含油脂的肉，如五花肉等最宜直接入锅炒，不用过油或汆烫就可炒出鲜嫩多汁的菜品。也可先入锅以小火煸炒出肉中多余的油脂，这样既能增加肉的酥香，吃起来又更具嚼头。此外，香肠、腊肉等腌制肉品，既有足够的油脂，又有特殊的熏香，是非常适合生炒的肉类。

油脂少 **要打水及过油**

一般来说，常用来快炒的里脊肉、鸡丁等食材的脂肪含量较少。这时，可在腌制时加入少许水搅拌均匀，以增加肉的含水量，从而使口感变得更鲜嫩；再将其过油，让肉丝、鸡丁不会因为加热过久而丧失水分，变得老硬。

炒菜可以不加油吗？

如果希望食物好吃，炒菜就一定要加油，因为食物用油炒过才能吃出鲜甜的味道。如果不喜油腻，则可选用不粘锅进行烹调，这样炒菜时的用油量可以减少很多。

烹调菜肴时，什么时候放盐比较好？

烹调时盐要最后加，待食物起锅前加即可。注意，盐最好不要早放，放盐太早，蔬菜类会出水过多，肉类会容易发硬，口味会大受影响。起锅前再加盐，也有利于判断咸淡。

烹炒时，如何把握加油的时机？

一般来说，“热锅冷油下料”是炒菜的原则。千万不要把锅烧至冒烟、飘出油焦味后再放油，否则爆锅的食材很容易烧焦。冷锅加油也可以，但须注意油热后的状况。

炒菜巧用五种调料

盐 盐是电解质，有较强的脱水作用，因此，放盐时间应根据菜肴特点和风味而定。炖肉和炒含水分多的蔬菜时，应在菜熟至八成时放盐，过早放会导致菜中汤水过多，或使肉中的蛋白质凝固，不易炖烂。使用不同的油炒菜，放盐的时间也有区别：用豆油和菜籽油炒菜时，为了减少蔬菜中维生素的损失，应在菜快熟时加盐；用花生油炒菜则最好先放盐，能提高油温，并减少油中的黄曲霉素。

油 炒菜时用油的关键是掌握好油温。炒菜时油温不宜太高，一旦超过180℃，油脂就会发生分解或聚合反应，产生具有强烈刺激性的丙稀醛等有害物质，危害人体健康。因此，“热锅凉油”是炒菜的一个诀窍。先把锅烧热，再加入油，不要等油冒烟了才放菜，待油八成热时就将菜入锅煸炒。有时也可以不烧热锅，直接将冷油和食物同时炒，如炒花生米，这样炒出来的花生米更松脆、香酥，能避免外焦内生。

可以采用以下方法判断油温是否适合炒菜。在油刚刚有一点烟影子的时候便放入菜肴，或者往油里扔进一块葱皮，若其四周大量冒泡但颜色不马上变黄，则证明油温适当。

酱油 酱油具有增香添色的作用。烹调时，高温久煮会破坏酱油的营养成分，并使其失去鲜味，故应在即将出锅前放酱油。炒肉片时为了使肉鲜嫩，也可将肉片先用淀粉和酱油拌一下再炒，这样炒出来的肉也更嫩滑入味。

醋 醋不仅可以去膻、除腥、解腻、增香，还能保存维生素，促进钙、磷、铁等溶解，提高菜肴的营养价值。做菜时放醋的最佳时间在两头，即原料入锅后马上加醋或菜肴临出锅前加醋。“炒土豆丝”等菜时最好在原料入锅后加醋，可以保护土豆中的维生素，同时保持土豆丝脆嫩的口感，不会变绵软；而“糖醋排骨”“葱爆羊肉”等菜最好加两次醋：原料入锅后加醋可以去膻、除腥；临出锅前再加一次醋，可以增香、调味。

味精 味精应在菜临出锅时放入，烹调时适用于咸味菜而不适用于甜味菜，同时可以使中性食物味道更佳。鲜味食物（如鸡蛋、鸡肉、鱼肉、海鲜等）中不必放味精。成年人每天食用味精的量应不超过5克，老年人和患有高血压、肾病、水肿等疾病的人应尽量少吃味精，婴幼儿和正在哺乳期的母亲最好不要食用味精。

第二章 爽脆蔬菜小炒

糖醋辣白菜

原 料

大白菜半棵（约500克）

调 料

盐2茶匙，香油、色拉油各1/2大匙，白糖3大匙，醋3大匙，花椒粒7克，红辣椒1个，嫩姜1小块

制作过程

1. 白菜洗净，取菜帮切细丝，菜叶切宽条。
2. 菜帮、菜叶同放大盆中，撒上盐拌匀，腌30分钟。
3. 红辣椒去籽，切丝。嫩姜切细丝。
4. 白菜腌至变软时取出，用流水冲一下，挤干水。
5. 锅中放入香油和色拉油烧热，放入花椒粒小火爆香，捞出花椒粒不用。
6. 锅中加入白菜，大火炒至白菜熟透，加入白糖和醋，翻炒均匀后立即关火。
7. 盛出白菜，撒入姜丝和红辣椒丝拌匀，放凉后即可食用。

糖醋白菜

原 料

白菜心1棵，黑木耳10克

调 料

醋1/2大匙，盐3/5小匙，白糖2小匙，水淀粉8克，香油1/2小匙，植物油20克

制作过程

1. 白菜取菜帮，洗净，控干水，切成粗丝，加盐略腌一会儿。
2. 黑木耳用冷水浸泡至涨发，洗去泥沙，捞出沥水，待用。
3. 取干净炒锅置旺火上烧热，倒入植物油，待油温升至八九成热时将白菜下锅爆炒。
4. 锅中加盐、白糖、醋，待炒至白菜半熟时放入黑木耳，翻炒至均匀入味。
5. 用水淀粉勾芡，淋上香油，装盘即可。

要点提示

1.大白菜不宜炒得过烂，但如果是烧的话就要烧得烂些。

2.糖醋味的菜肴一般不用放味精。

1

2

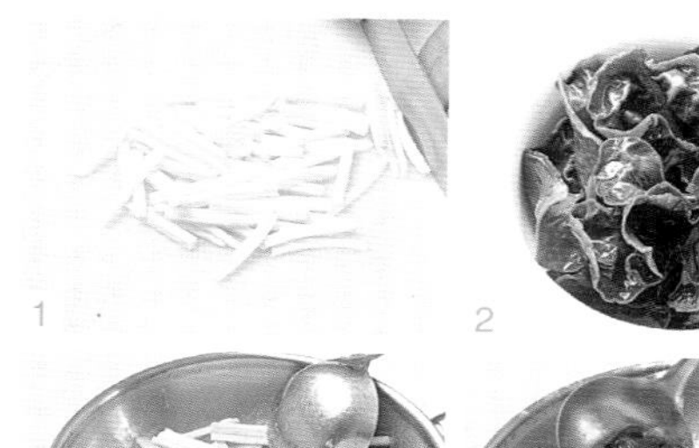

3 4

5

难易度 ☆☆

醋熘海米白菜

原 料

嫩白菜400克，海米50克

调 料

香菜段25克，料酒、醋、酱油、盐、味精、花椒、香油、花生油各适量

制作过程

1. 白菜洗净，沥干水，片成抹刀片。
2. 海米用温开水泡软，洗净，控干。
3. 炒锅放油烧热，下花椒炒香，捞出花椒弃去。
4. 锅中放入海米炒出香味。
5. 锅中放入白菜片，烹入料酒、醋煸炒至断生。
6. 锅中加入盐、酱油、味精炒匀，淋上香油，撒上香菜段，装盘即成。

白汁菜心

原 料

净黄秧白菜心250克，鱼糁75克

调 料

盐1.5克，胡椒粉5克，湿淀粉2.5克，奶汤300克，化鸡油15克

制作过程

1. 白菜心洗净，去筋，整理形状后沥干水。
2. 用小刀将鱼糁慢慢刮入白菜心中间，整齐地放于盘中。
3. 锅置火上，加水烧开，放白菜心，焯至六成熟时捞起，用水漂凉，冷透后捞出，沥干水，装盘中待用。
4. 锅入奶汤烧开，加盐、胡椒粉，将菜心下锅，稍炖后勾芡，淋鸡油，起锅即成。

蚝油生菜

原 料

生菜500克

调 料

蒜末、蚝油、酱油、盐、料酒、味精、胡椒粉、清汤、水淀粉、香油、花生油各适量

制作过程

1. 锅内加入清水，加少许盐、花生油烧开，放入洗净的生菜略烫。
2. 捞出生菜控干水，摆放盘内。
3. 炒锅放油烧热，下蒜末炒香。
4. 锅中加蚝油、酱油、料酒、味精、胡椒粉、清汤烧开，用水淀粉勾芡。
5. 锅中淋香油，将汤汁浇在生菜上即可。

手撕包菜

原 料

圆白菜400克，干红辣椒10克，大蒜5克，葱10克

调 料

花椒、盐、生抽、醋、鸡精各适量

制作过程

1. 将圆白菜洗净，用手撕成小块。
2. 将葱、蒜分别切成片，干红辣椒剪成小段。
3. 锅入油烧热，下入花椒炸出香味。
4. 加入干红辣椒及葱蒜片，炒出香味。
5. 再放入撕碎的圆白菜，快速翻炒。
6. 炒至叶片半透明的时候，再加入少许生抽、醋及盐，点入少许鸡精，再快速翻炒均匀，即可出锅。

虾酱黄豆蒿秆

原 料

猪肉150克，茼蒿秆300克，虾酱适量，鸡蛋2枚

调 料

蒜片8克，盐1/2小匙，味精1/5小匙，白糖1小匙，油适量

制作过程

1. 鸡蛋打散，加入虾酱拌匀，待用。茼蒿秆洗净，切段。
2. 猪肉切丝，放入四成热油锅中滑油，捞出控油。
3. 煎锅放适量油烧热，打入鸡蛋煎熟，盛出待用。
4. 炒锅烧热，入油烧七八成热，用蒜片爆锅，放入鸡蛋、茼蒿、肉丝。
5. 锅中加入盐、白糖、味精翻炒，淋明油，出锅装盘即成。

芦蒿香干

原 料

芦蒿300克，香干100克

调 料

盐3/5小匙，味精1/5小匙，鲜汤120克，植物油25克

制作过程

1. 香干切成丝。芦蒿择除老根，切成段。
2. 炒锅置旺火上烧热，倒入植物油烧至六七成热，下入香干煸炒，加少许鲜汤、盐，炒至香干入味后装盘。
3. 炒锅复置火上，加油烧热，放入芦蒿、盐、味精、鲜汤翻炒均匀。
4. 芦蒿快熟时加香干炒匀，淋明油，装盘即成。

难易度

大盆菜花

菜花菜过油时注意油温，不易太高，以防把菜花炸焦炸煳。

原 料

菜花500克，五花肉10克，蒜5克，青蒜、泰椒各少许

调 料

味精3克，鸡粉3克，蒸鱼豉油10克，色拉油500克

制作过程

1 将菜花洗净，沥干水，改刀切成3厘米大小的块。

2 将五花肉洗净，切薄片。泰椒洗净，切小段。蒜切片，青蒜切段，备用。

3 锅入适量油，烧至七成热，放入菜花，炸至八成熟。

4 将菜花捞出控油。

5 将五花肉放入锅内炒香。

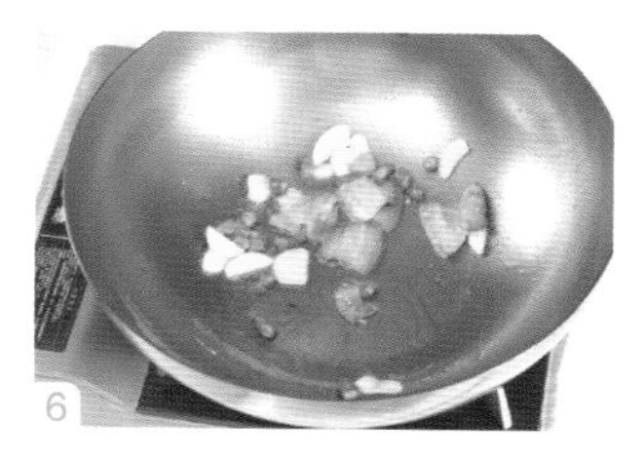

6 再放入蒜片和泰椒炒香。

7 加入菜花翻炒，放入味精、鸡粉调味。

8 再加入豉油继续翻炒。

9 最后放入青蒜段翻炒1分钟即可出锅。

酱爆青椒

郫县豆瓣下锅后要炒出香味才可出锅。

原料

青椒500克

调料

葱末、蒜末、姜末共12克，鸡汤120克，酱油1/2大匙，郫县豆瓣15克，香油1/2小匙，白糖1小匙，水淀粉10克，植物油25克

制作过程

1. 青椒去蒂、籽，洗净，切成块状。
2. 炒锅置旺火上烧热，倒入植物油烧至七八成热，放入葱末、蒜末、姜末爆香，倒入青椒。
3. 加入鸡汤、酱油、白糖、郫县豆瓣拌匀，用水淀粉勾薄芡，淋入香油，出锅装盘即成。

烧椒茄子

原 料

茄子250克，红尖椒15克

调 料

盐6克，葱蒜油15克，生抽8克，香油1克

制作过程

1. 茄子洗净，去蒂去皮，切成条，上笼蒸10分钟取出，晾凉后装盘。
2. 红尖椒用炭火烤爆皮，将皮撕去，留肉切成粒。
3. 将盐、葱蒜油、生抽、香油、红尖椒粒调成味汁。
4. 将调味汁浇在茄条上即成。

三丁茄子

原 料

茄子300克，青椒、火腿、洋葱各50克

调 料

葱花、姜末、蒜片共12克，鲜汤50克，盐3/5小匙，味精1/5小匙，水淀粉10克，植物油600克（实耗35克），淀粉适量

制作过程

1. 将青椒、洋葱分别洗净，切成丁。火腿切丁，备用。
2. 茄子切丁，表面裹一层淀粉。
3. 炒锅中加入植物油烧至五六成热，将茄丁入锅过油炸熟，捞出备用。
4. 炒锅内加入少许植物油，烧至七八成热时放入葱、姜、蒜爆香，加入茄子、青椒、火腿、洋葱翻炒均匀。
5. 锅中入调料炒至入味，用水淀粉勾芡，出锅装盘即成。

青椒炒茄丝

原 料

茄子400克，青红椒100克

调 料

蒜泥10克，葱姜末少许，盐3/5小匙，味精1/5小匙，植物油35克

制作过程

1. 茄子去蒂洗净，切成粗丝，用清水浸2分钟。
2. 青红椒去蒂、籽，洗净，切成丝。
3. 炒锅置旺火上烧热，倒入植物油烧至七八成热，放入蒜泥、葱、姜末煸香。
4. 放入青红椒丝略煸。
5. 再倒入茄丝炒软，加盐、味精炒匀入味，出锅装盘即可。

难易度 ☆

难易度

麻辣茄段

原 料

细长茄子2个，猪肉馅30克

调 料

辣豆瓣酱1大匙，料酒1/2大匙，酱油1大匙，盐1/4茶匙，白糖1/2茶匙，醋1/2大匙，水淀粉1茶匙，香油1/4茶匙，花椒粉1/4茶匙，蒜末5克，葱花15克，植物油适量

制作过程

1. 茄子洗净，连皮切滚刀块。
2. 将茄块放入热油锅中炸软，捞出沥干油。
3. 另起炒锅，放入2大匙油烧热，炒香肉馅和蒜末。
4. 加入辣豆瓣酱炒香，再依次加入料酒、酱油、盐、白糖和水。
5. 放入茄块轻轻拌炒，烧1分钟至入味，沿锅边淋入醋烹香。
6. 用水淀粉略勾薄芡。
7. 滴入香油，撒入花椒粉和葱花，略调拌即可装盘。

难易度

农家土冬瓜

1.做此菜时，冬瓜要炸透，口感才好。

2.酱油应在煸炒五花肉时就放入，不然五花肉不易上色。

原 料

冬瓜500克，五花肉10克

调 料

色拉油1500克，味精20克，盐5克，鸡粉少许，东古酱油8克，蒜10克，豆豉10克，青蒜叶10克，小米椒15克

制作过程

1 五花肉洗净，切片。小米椒切段，蒜切片，青蒜叶切小段，备用。

2 将冬瓜去皮，洗净，切片。

3 锅内放1000克色拉油，烧至七成热，将冬瓜放入炸熟，盛出沥去油。

4 锅内留底油，将五花肉放入煸香。

5 再倒入蒜片、豆豉、小米椒煸炒。

6 加入酱油翻炒一下。

7 再放入冬瓜继续翻炒。

8 加入盐、味精、鸡粉调味。

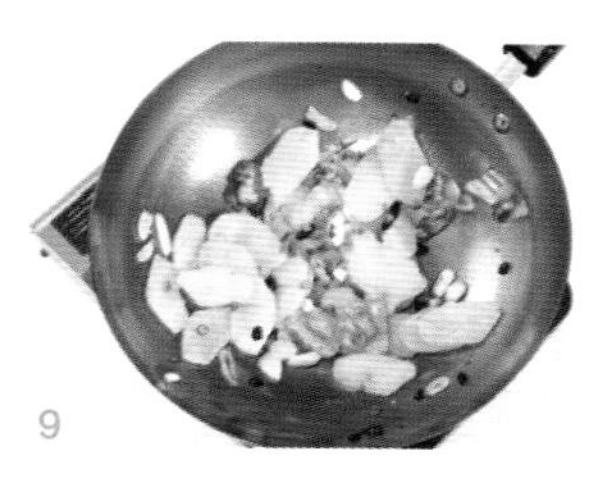

9 撒上青蒜即可出锅。

干煸苦瓜

原 料

苦瓜300克，海米、猪肉各100克

调 料

蒜瓣、辣椒碎、花椒、盐、味精、红油、花生油、料酒、白糖各适量

制作过程

1. 苦瓜洗净，顺长切两半。
2. 苦瓜去瓤，切成4厘米长的条。
3. 猪肉、海米、蒜瓣分别切成末。
4. 苦瓜条下开水锅中焯一下，捞出，沥干。
5. 再放入六成热油中炸一下，捞出。
6. 炒锅加油烧热，放入蒜末、花椒、辣椒碎、海米炒香。
7. 再放入苦瓜，边翻炒边加盐、味精、白糖。
8. 最后淋入红油炒匀，出锅即成。

香焗南瓜

原 料

南瓜300克，咸蛋黄100克

调 料

味精5克，白糖10克，淀粉50克

制作过程

1. 南瓜洗净去皮，切成长条备用。
2. 锅置火上，放油烧至四成热，将南瓜条裹上淀粉，下锅炸至南瓜稍微变软时捞出控油。
3. 锅内留少许油，放入切碎的咸蛋黄翻炒至起泡。
4. 锅中再放入炸好的南瓜条翻炒均匀，撒上白糖，即可装盘。

蒜蓉丝瓜

炒蒜蓉时一定要注意油温、火候，以免炒焦而味道发苦 。

原 料

丝瓜300克，大蒜100克

调 料

盐5克，味精3克，色拉油10克

制作过程

1. 丝瓜削去棱角，刮去外皮。
2. 丝瓜洗净，切成段，装盘中。
3. 蒜拍扁，剥去蒜皮，剁成蓉。
4. 锅中放油烧热，下入蒜蓉炒香， 再下入盐、味精炒匀，浇在丝瓜段上，入蒸锅蒸10分钟即可。

鱼香茭白

原 料

茭白500克

调 料

泡辣椒末20克，葱花、姜末、蒜末共15克，盐2/5小匙，酱油1小匙，味精1/5小匙，白糖2小匙，醋1小匙，香油1/2小匙，鸡汤100克，水淀粉10克，植物油1000克（实耗35克）

制作过程

1. 茭白剥壳，削皮，去掉老根，洗净，切成块。
2. 炒锅烧热，倒入植物油，放入茭白块炸至断生，捞出沥油。
3. 锅内留少量油，放入泡辣椒末、姜末、蒜末煸香。
4. 锅中加盐、酱油、味精、白糖、醋、鸡汤烧沸，放入茭白块，撒入葱花。
5. 用水淀粉勾芡，淋上香油，装盘即可。

泡椒炒青笋

原 料

青笋500克，泡辣椒、野山椒各15克

调 料

姜蒜葱、盐、料酒、鸡精、植物油、香油各适量

制作过程

1. 青笋去皮，洗净，切菱形片，放入盆中，加盐和匀，静置5分钟，取出挤干水。
2. 泡辣椒去蒂及籽，切成马耳朵形；野山椒去蒂，剁细成粒；生姜、大蒜去皮洗净，切成指甲片；葱白切成马耳朵形。
3. 锅置旺火上，倒入植物油，烧至六成热，放入泡辣椒、野山椒、姜片、蒜片、葱炒香。
4. 放入笋片，加盐、料酒、鸡精、香油，颠锅翻炒均匀，起锅盛入盘中即成。

腊肠炒双笋

原 料

竹笋、腊肠各200克，罐装玉米笋100克，尖椒50克

调 料

葱姜末8克，盐1/2小匙，味精1/5小匙，白糖1小匙，酱油1/2大匙，植物油25克

制作过程

1. 玉米笋捞出沥水，切片。
2. 竹笋剥壳，削去外皮，除去老根，洗净。
3. 竹笋切片。尖椒洗净，切条备用。
4. 锅中加清水烧沸，将玉米笋片、竹笋片分别投入锅中焯烫至断生，捞出沥水。
5. 炒锅中加入植物油，烧至五六成热，放葱姜末炝锅，放入所有原料同炒。
6. 加入调料调好口味，炒匀出锅即成。

难易度 ★★

难易度

三鲜炒春笋

原 料

春笋400克，鱿鱼、虾仁、蟹柳各50克

调 料

葱花、蒜末各6克，盐4/5小匙，味精1/5小匙，鸡粉1/2小匙，水淀粉10克，植物油25克

制作过程

1 春笋剥壳，削皮，去老根，洗净。

2 将春笋和蟹柳分别切成菱形片。

3 鱿鱼洗净，除去筋膜，切成花刀片。

4 虾仁洗净，除去泥沙杂质。

5 锅内加入清水烧沸，将鱿鱼和虾仁一同下锅氽一下，捞出沥水，备用。

6 洗净炒锅，放入植物油烧至六七成热，用葱花、蒜末炝锅，倒入春笋、鱿鱼、虾仁、蟹柳。

7 加入盐、鸡粉、味精翻炒均匀入味，淋明油，出锅盛盘即成。

难易度

酸菜小笋

原 料

小笋1000克，酸菜20克，红辣椒10克，肉末少许，香葱10克，蒜末10克

调 料

植物油150克，生抽10克，盐、味精各适量

制作过程

小笋洗净，切成1厘米见方的小丁。酸菜洗净，切成末。

香葱洗净，切成葱花。

锅内加入水烧开，放入小笋焯水，捞出控干水。

锅内倒入油，烧至七成热，把小笋放入锅内，稍炸下，捞出控油。

锅留底油，放入肉末炒香。

再放入酸菜、红辣椒、蒜末炒香。

倒入小笋丁，炒至八成熟时加入盐、味精调味。

再加入适量生抽。

出锅前加入葱花即可。

芥蓝腰果炒香菇

原 料

芥蓝400克，腰果50克，干香菇10朵，红辣椒圈适量

调 料

蒜片5克，盐3/5小匙，味精1/5小匙，鸡精2/5小匙，白糖1小匙，植物油25克，水淀粉8克

制作过程

1. 芥蓝取茎部，洗净，用刀切成段。红辣椒切条。
2. 干香菇用水浸泡至涨发，洗净，切成块。
3. 锅中烧沸清水，将香菇和备好的芥蓝、红辣椒分别下入沸水锅中焯水，捞出沥水。
4. 腰果洗净，控干水，下六七成热的油锅中炸熟，捞出沥油。
5. 净锅加入植物油烧热，下蒜片爆香，放入芥蓝串、腰果、香菇翻炒均匀。
6. 下入盐、白糖、鸡精、味精调味，用水淀粉勾芡，淋明油，出锅装盘即成。

酸辣萝卜

原 料

白萝卜500克，水发香菇、笋各50克

调 料

酱油2小匙，盐2/5小匙，醋2大匙，干辣椒4个，姜末5克，味精1/5小匙，水淀粉10克，香油1小匙，鲜汤150克，植物油25克

制作过程

1. 将萝卜去皮，洗净，切成滚刀块。萝卜块投入沸水锅中煮至八成熟，捞出放冷水盆中浸凉，取出沥水。
2. 干红辣椒去蒂、籽，洗净，切成小段。
3. 笋和香菇去蒂洗净，切成薄片。
4. 炒锅烧热，倒入植物油，放入姜末煸香，随即放入红辣椒段煸炒出香味，下香菇片、笋片、萝卜块同炒几下。
5. 倒入酱油、醋和少许鲜汤， 加盐烧开，改用小火烧10多分钟，待萝卜酥软熟透。
6. 加入味精，用水淀粉勾芡，淋入香油拌匀，装盘即可。

拔丝山药

原 料

山药500克

调 料

青红丝15克，熟芝麻10克，白糖100克，植物油800克（实耗约35克）

制作过程

1. 山药削去皮，洗净，切成菱形块。
2. 山药块用清水浸泡，捞出沥干。
3. 炒锅内放油烧至四成热，将山药块下锅，炸至山药熟透且外皮呈浅黄色时捞出。
4. 炒勺内放少量水，加白糖熬至声发脆，呈浅黄色且能拔出丝。
5. 倒入炸好的山药，将勺端离火口，边翻边撒青红丝、芝麻。
6. 翻炒匀后盛入抹油的盘内即成。

难易度

砂锅山药

原 料

山药400克，五花肉10克，蒜片、小米椒、青蒜叶各少许

调 料

味精、鸡粉、蒸鱼豉油各10克，蚝油5克，盐、植物油各适量

制作过程

❶ 将山药去皮，洗净切片，放入清水中浸泡。

❷ 五花肉洗净，切片。小米椒洗净，切碎。青蒜叶洗净，切斜刀片。蒜洗净，切片。

❸ 将浸泡好的山药捞出，沥去水，盛入盘中。

❹ 锅置火上，倒入适量植物油，烧至七成热，倒入山药炸至五成熟。

❺ 将砂锅置于小火上干烧备用。锅内留油，放入五花肉煸香。

❻ 再放入蒜片和小米椒翻炒。

❼ 倒入炸好的山药继续翻炒。

❽ 翻炒均匀后加入蚝油、豉油、盐、味精、鸡粉调味。

❾ 放入青蒜炒至八成熟。

❿ 将锅内食材倒进烧好的白砂锅内即可。

制作此菜时，将山药用水浸泡去掉黏液，成菜口感才佳。

熘胡萝卜丸子

原 料

胡萝卜400克，香菜25克，面粉适量，水淀粉100克

调 料

五香粉2/5小匙，酱油1小匙，盐3/5小匙，葱姜末15克，植物油100克（实耗40克）

制作过程

1. 胡萝卜擦丝后剁碎，放入盆内。
2. 香菜剁成末，倒入盛萝卜碎的碗内，加入五香粉、面粉、盐、水淀粉拌匀。
3. 炒锅烧热，倒入植物油烧至六七成热，将拌匀的胡萝卜碎糊做成丸子，下油锅炸至呈金黄色，捞出沥油。
4. 锅内留少量油，放入葱末、姜末煸香，加入酱油、盐和适量的水，烧开后用余下的水淀粉勾芡。
5. 投入丸子搅拌均匀，装盘即成。

山椒土豆丝

原 料

土豆300克，青椒、甜椒各20克，野山椒10克

调 料

盐、鸡精各3克，香油10克，白醋5克，精炼油50克

制作过程

1. 土豆去皮洗净，切成细丝，放入盆中，加入白醋和清水漂一会儿，捞出沥干水。
2. 青椒、甜椒去蒂及籽，清洗干净，切成细丝；野山椒去蒂，剁成细粒。
3. 土豆丝入沸水锅焯至微断生，捞出沥干。
4. 锅内烧精炼油至六成熟，放入野山椒粒、青椒、甜椒丝炒香。
5. 投入土豆丝，加盐、鸡精、香油，颠锅翻炒均匀，起锅盛入盘中即成。

金瓜百合

原 料

南瓜400克，百合250克

调 料

盐1小匙，味精2/5小匙，水淀粉10克，葱油20克

制作过程

1. 将南瓜洗净，对剖成两半，削去皮，除去瓤，洗净后切成片，待用。鲜百合用清水浸泡至软，待用。
2. 百合入沸水中焯1~2分钟，捞出沥水。炒锅烧热，加入葱油，放入南瓜、百合翻炒。
3. 加入盐、味精，炒至原料熟透后用水淀粉勾芡，出锅装盘即成。

西芹百合

原 料

水发百合150克，西芹100克，圣女果50克

调 料

盐、味精、鲜汤、水淀粉、色拉油各适量

制作过程

1. 百合片分开成瓣。西芹择洗干净，切菱形小块。圣女果洗净，切厚片。
2. 将西芹、百合、圣女果放入沸水锅中焯烫至断生，捞出沥干水。
3. 炒锅放油烧热，放入三种原料略炒。
4. 加入鲜汤烧开，再加入盐、味精。
5. 用水淀粉勾玻璃芡，翻炒均匀即成。

难易度 ★★

醋炒什锦

萝卜切片后可加少量盐略腌，能增加其脆嫩的质感。

原 料

萝卜、藕各300克，胡萝卜100克，干香菇20克

调 料

醋1大匙，白糖1小匙，盐4/5小匙，生抽1小匙，植物油25克

制作过程

1. 将南瓜洗净，对剖成两半，削去皮，除去瓤，洗净后切成片，待用。鲜百合用清水浸泡至软，待用。
2. 百合入沸水中焯1~2分钟，捞出沥水。炒锅烧热，加入葱油，放入南瓜、百合翻炒。
3. 加入盐、味精，炒至原料熟透后用水淀粉勾芡，出锅装盘即成。

南乳莲藕

原 料

莲藕500克

调 料

南乳汁50克，盐、味精、生抽、醋、色拉油各少许

制作过程

❶ 莲藕洗净，切成薄片，焯水后捞出备用。
❷ 锅中下油烧热，将藕片下入锅中翻炒2分钟。
❸ 再加入少许水，焖煮至水干。
❹ 调入南乳汁、盐、味精、生抽、醋，炒至藕片入味即可。

难易度 ★

生煸豆苗菜

豌豆苗应先下沸水锅焯熟，然后再炒。

原 料

豌豆苗350克，水发香菇、熟冬笋30克

调 料

盐3/5小匙，味精1/5小匙，料酒1小匙，
姜末5克，植物油25克

制作过程

1. 豌豆苗取嫩头，洗净，沥干水。
2. 熟冬笋、香菇洗净，切成丝，待用。
3. 炒锅置旺火上，倒入清水烧沸，放入豆苗焯熟，捞出沥水，待用。
4. 炒锅洗净，复置火上烧热，倒入植物油烧至七八成热，放入香菇丝、冬笋丝煸炒几下。
5. 将豆苗投入一起煸炒，加入料酒、姜末、盐、味精略翻几下，出锅装盘即可。

碧绿银杏

原 料

荷兰豆200克，白果（即银杏）50克

调 料

蒜末6克，盐2/5小匙，味精1/5小匙，白糖1/2小匙，鸡精1/3小匙，水淀粉8克，植物油20克

炒制时以中火为宜，成菜应干净、爽脆。

制作过程

1. 将荷兰豆除去筋，冲洗干净，待用。白果洗净，备用。
2. 锅中加水烧沸，将荷兰豆和白果投入锅中焯水，至断生即可捞出，沥水。
3. 炒锅烧热，倒入植物油，待油温升至五六成热时放入蒜末爆香，将荷兰豆、白果放入锅中。
4. 加入盐、白糖、味精、鸡精煸炒均匀入味，用水淀粉勾芡，淋明油，出锅即成。

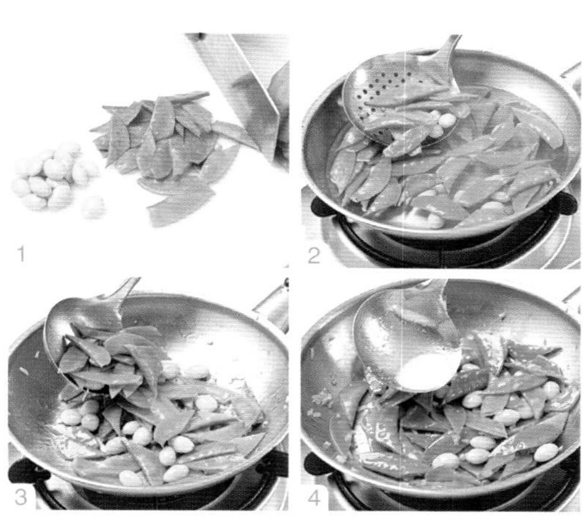

难易度 ☆

难易度

红焖干豆角

菜出锅前应该捞出香料包，以免影响菜的色泽。

原 料

干豆角200克，五花肉50克

调 料

盐6克，白糖8克，鸡精3克，葱段、姜片、老抽、料酒各适量，花椒、八角、丁香、桂皮、豆蔻、香叶、陈皮各少许

制作过程

干豆角用温水完全泡开后洗净，控干水。

五花肉切成小块，放入开水里氽5分钟，捞起用温水冲净血水。

花椒、八角、丁香、桂皮、豆蔻、香叶、陈皮放入纱布袋中，做成香料包。

炒锅放油，烧至五成热时加入白糖，边加热边用铲子搅，炒至白糖完全化开变成红棕色并冒泡。

放入五花肉翻炒，让糖浆均匀裹到肉表面。

加老抽、料酒，继续翻炒，炒至肉有些收缩时放入葱段、姜片炒匀。

锅里加入温水，放入香料包，盖上锅盖，炖15分钟左右。

加盐、鸡精，再炖10分钟，加入干豆角，再炖30分钟至豆角熟透即可。

干煸四季豆

原 料

四季豆500克，猪肉80克，芽菜（或冬菜）50克

调 料

酱油1/2大匙，盐2/5小匙，味精1/5小匙，料酒1小匙，熟猪油25克

制作过程

1. 四季豆择去筋，掰成两半。
2. 猪肉切末。芽菜淘洗干净，挤干水，切末。
3. 炒锅加油烧热，放入猪肉末煸干水分。
4. 加入芽菜末煸香，出锅备用。
5. 炒锅烧热，倒入熟猪油，放入四季豆，煸炒至干透，待用。
6. 锅中加入猪肉末、芽菜末，倒入料酒煸至干香，放入酱油、盐、味精炒匀，出锅即可。

榄菜四季豆

原 料

四季豆250克，橄榄菜25克，猪肉末适量

调 料

蒜末8克，盐1/3小匙，味精1/5小匙，白糖1小匙，植物油25克

制作过程

1. 四季豆除去筋，洗净后切片，待用。
2. 锅中加入清水烧沸，放入四季豆焯水至断生，捞出沥干水，备用。
3. 炒锅洗净，置火上烧热，倒入植物油烧至六七成热，将猪肉末入锅炒熟。
4. 放入蒜末、四季豆煸炒，放入盐、白糖、味精和橄榄菜炒匀，出锅装盘即成。

翻炒时间不宜过长，否则成菜颜色会发黑。

难易度 ★

盐煎扁豆

原 料

嫩扁豆500克

调 料

葱姜末10克，盐3/5小匙，料酒1小匙，鸡汤100克，植物油25克

制作过程

1. 扁豆撕去筋，洗净。
2. 炒锅烧热，倒入植物油烧至六七成热，放入扁豆炒至断生。
3. 盛出扁豆，滗出余油。
4. 将扁豆回锅，加葱末、姜末、盐、料酒、鸡汤。
5. 用旺火快炒至汤汁将尽，出锅装盘即可。

如没有嫩扁豆，也可用嫩的荷兰豆来代替。煸炒时一定要将汤汁收干，这样可增加菜的鲜香味。吃扁豆时一定要注意煮透炒熟，除去所含的皂素和植物血凝素这两种有毒物质，以免发生食物中毒。

难易度

擂辣椒炒毛豆

要点提示

做此道菜时，选材必须是肉质厚的螺丝椒，成菜口感才会好。

原 料

螺丝椒350克，去皮毛豆250克，梅干菜少许

调 料

鸡粉5克，盐5克，酱油少许

制作过程

1

将螺丝椒洗净，去蒂，切成6厘米长的段，拍碎。

2

毛豆洗净，备用。

3

净锅置火上，倒入适量油，烧至七成热。

4

将沥干的毛豆倒进热油里，炸至八成熟，沥去油。

5

锅内留底油，将拍好的辣椒段倒入锅中。

6

加盐，大火爆炒，用勺把辣椒拍碎。

7

加入梅干菜翻炒。

8

再倒入炸好的毛豆翻炒。

9

加入盐、鸡精、酱油大火翻炒，即可出锅。

百合银杏炒蜜豆

原 料

百合30克，银杏25克，甜蜜豆600克

制作过程

1. 银杏洗净。百合去黑根、洗净。
2. 甜蜜豆择取两头，洗净。
3. 上述原料分别下入加少许盐和植物油的沸水中焯烫一下，捞出沥干。
4. 坐锅点火，加油烧热，下入葱花、姜丝炒香，再放入甜蜜豆、银杏、百合。
5. 加入盐、味精、鸡粉、白糖翻炒均匀，用水淀粉勾芡。
6. 淋入适量植物油炒匀，出锅装盘即可。

调 料

植物油40克，葱花、姜丝各5克，盐、味精、鸡粉各1/2小匙，白糖适量，水淀粉1小匙

观音玉白果

原 料

西芹、白果、百合、洋葱各50克

调 料

盐、料酒各5克，味精3克，淀粉10克

制作过程

❶ 将洋葱切成莲花瓣状，焯水待用。
❷ 白果入沸水中汆烫后捞出，其他原料洗净。
❸ 起油锅烧热，放入西芹、白果、百合炒熟，下入调料炒匀。将炒好的料装入盘中，摆上洋葱片即可。

木耳烤麸

原 料

木耳50克，烤麸200克，红椒1个

调 料

姜丝5克，盐6克，素鸡粉8克

制作过程

1. 木耳泡发好，洗净，入沸水锅中焯烫，备用。
2. 红椒洗净，切片。
3. 净锅置火上，下油烧至六成热，下烤麸炸至呈淡黄色，捞出。
4. 锅中留少许底油，下姜丝煸炒，放入木耳、烤麸及调料，炒匀即可。

香菇栗子

原 料

香菇、栗子各200克，红、绿椒丝各适量

调 料

葱花、姜末、蒜末共12克，盐1/2小匙，味精2/5小匙，蚝油1小匙，植物油25克

制作过程

1. 香菇浸泡涨发，切去根部，洗净，切成块。
2. 栗子蒸熟，取出栗子肉，切成两半。
3. 锅中加入清水烧沸，将香菇和栗子分别下锅焯一下，立即捞出，控水。
4. 净锅置火上烧热，加入植物油烧至六七成热，下葱、姜、蒜爆锅，放入香菇、栗子、红椒丝、绿椒丝。
5. 调入盐、味精、蚝油，翻炒均匀入味，出锅装盘即成。

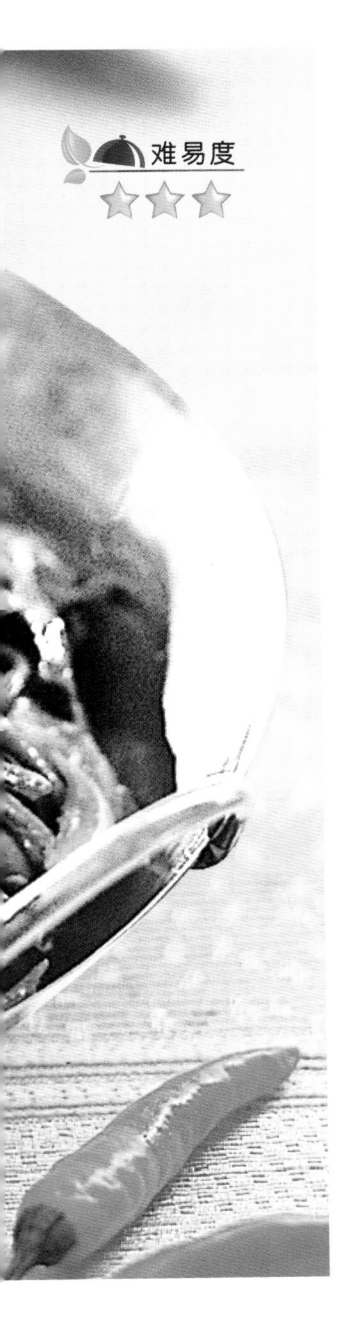

干锅茶树菇

原 料

干茶树菇、二刀猪腿肉各100克，五花肉、干香菇、干木耳、蒜苗、洋葱各适量

调 料

香辣酱、青花椒、干红辣椒、大葱、姜片、色拉油、猪油、八角、草果、沙姜、香叶、茴香、花椒、胡椒粉、白糖、黄酒、生抽、香油、蚝油、香醋、盐、高汤各适量

制作过程

1. 干香菇泡软，去蒂，切条；干木耳水发后切成丝；洋葱切丝；蒜苗、大葱、干红辣椒分别切成小段。
2. 猪腿肉洗净，放入锅中，加八角、草果、沙姜、香叶和花椒卤熟，捞出切成条。
3. 干茶树菇用热水浸泡至软，去蒂，洗净，切成段，放入高压锅中，加水，放五花肉、姜片、葱、盐，用火焖1小时，起锅沥干。
4. 锅置火上，入猪油、色拉油烧至六成热，下入姜片、葱段、八角、草果、茴香、青花椒和干辣椒炸香。
5. 放入蚝油，注入高汤，调入黄酒、胡椒粉、白糖和生抽，倒入茶树菇和香菇烧至入味，转入干锅中。
6. 锅入少许油烧热，下香辣酱和肉条，放洋葱丝、木耳丝和蒜苗炒匀，倒在茶树菇上，烹入香醋，撒葱段，淋香油即可。

炸炒豆腐

原 料

内酯豆腐1盒，青椒50克，熟笋片10克，面粉20克

调 料

葱片、姜末共12克，盐3/5小匙，味精1/5小匙，酱油1小匙，白糖1/2小匙，醋、料酒各1小匙，鲜汤800克，水淀粉10克，植物油800克（实耗35克）

制作过程

1. 将内酯豆腐切长方块，滚上面粉，放在盘中。
2. 青椒去蒂、籽，洗净，切成片。
3. 炒锅置旺火上烧热，倒入植物油烧至六七成热，放入豆腐块炸至表皮呈金黄色，倒出沥油。
4. 炒锅内留少量植物油，放入姜末、葱片、笋片、青椒片略煸。
5. 加入酱油、白糖、盐、味精、鲜汤、料酒，烧沸后用水淀粉勾芡。
6. 倒入炸过的豆腐，迅速翻炒，淋入醋、明油，出锅装盘即成。

香菇豆腐

原 料

南豆腐300克，水发香菇50克，青豆20克

调 料

盐2/5小匙，味精1/5小匙，酱油、白糖、料酒各1小匙，鲜汤100克，水淀粉8克，植物油40克

制作过程

1. 豆腐洗净，切成4厘米见方、厚度为0.5厘米的方形块。
2. 水发香菇洗净，剪去根部，斜刀劈成片。
3. 青豆煮熟，备用。
4. 炒锅烧热，倒入少量植物油烧至六成热，将豆腐逐块放入锅中，煎至两面呈金黄色。
5. 锅中再加入酱油、料酒、白糖、盐、味精及鲜汤，倒入水发香菇、青豆，旺火烧2分钟。
6. 用水淀粉勾芡，淋明油，出锅装盘即成。

1. 煎制豆腐前，一定要用沸水烫透，以除尽豆腥味。
2. 煎制时要控制好火候，以防颜色焦黑。

难易度 ★★

难易度

麻婆豆腐

原 料

净牛瘦肉200克，豆腐400克，青蒜苗100克

调 料

豆豉、花生油、肉汤、酱油、盐、辣椒面、花椒面、淀粉各适量

制作过程

1. 牛肉切成末。蒜苗切丁。
2. 豆腐切成小方块。
3. 将豆腐块放在开水中焯一小会儿，捞出沥干水。
4. 锅内放油，小火烧热，加入牛肉末炒至呈金黄色。
5. 再下入盐、豆豉，翻炒均匀，再放辣椒面，炒出辣味。
6. 锅中续加肉汤，放入豆腐炖3～4分钟，加酱油调味。
7. 下淀粉勾芡，翻炒几下，盛入碗中，撒上花椒面、蒜苗丁即成。

宫保豆腐

原 料

豆腐2块，瘦肉丁、胡萝卜丁、油炸花生米各100克，水淀粉30克

调 料

葱、姜末、蒜泥共12克，盐2/5小匙，味精1/5小匙，白糖2小匙，辣椒酱15克，鲜汤100克，植物油1000克（实耗40克）

制作过程

1. 豆腐切成3厘米厚的大片，下油锅炸至表面呈金黄色，捞出。
2. 炸好的豆腐片切成丁，加入水淀粉拌匀，再下热油锅炸至呈金黄色，捞出。
3. 炒锅烧热，倒入植物油，爆香葱末、姜末、蒜泥，放入胡萝卜丁煸香。
4. 加入肉丁、花生米、辣椒酱、酱油、盐、味精煸炒几下，添一勺鲜汤。
5. 放入豆腐丁略炒，用水淀粉勾芡，淋明油，装盘即成。

第三章

醇香肉类小炒

难易度

蒜子红烧肉

原 料

五花肉500克，蒜8瓣

调 料

盐2克，白糖18克，料酒3毫升，植物油50克，葱花、葱段、姜片、八角、桂皮、香叶、干辣椒、胡椒粉、红曲米、味精、鸡粉各适量

制作过程

1 将猪肉切成5厘米厚、2.5厘米宽的方块。

2 锅内加入油，油温八成热时，将猪肉块下锅。

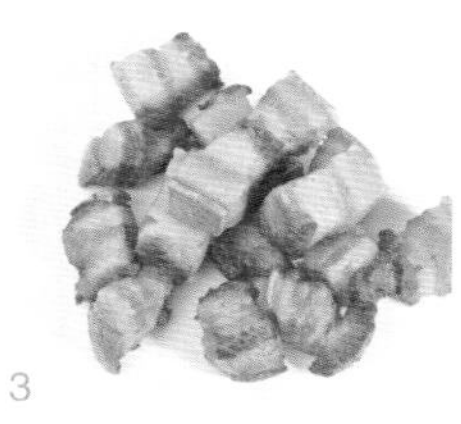

3 将肉块炸至呈金黄色后捞出，沥去油，放进高压锅。

4 锅内加入适量水，下葱段、姜片、八角、桂皮、香叶、干辣椒、红曲米烧开。

5 放入味精、盐、鸡粉、料酒、白糖和胡椒粉调味。

6 把调好味的汤倒入高压锅，大火上汽后改小火压制8分钟，取出猪肉块，留原汤备用。

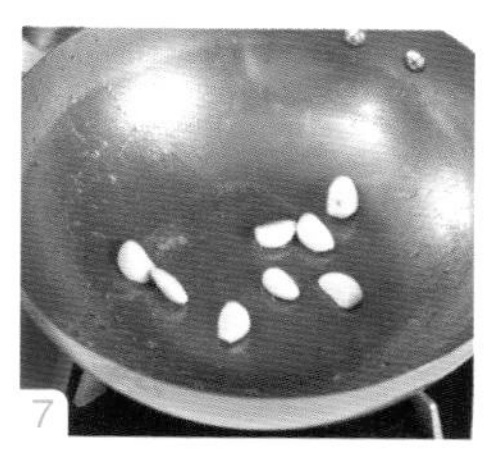

7 锅内加适量油，放入蒜瓣爆香。

8 把原汤和红烧肉倒入锅内，大火收汁，汁浓后出锅，撒上葱花即可食用。

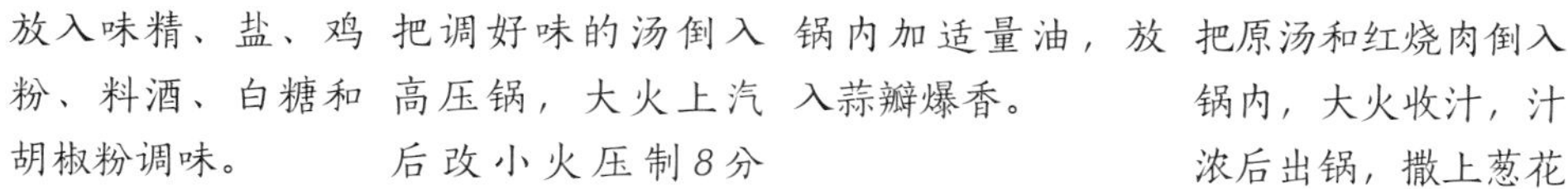

什锦京葱

原 料

洋葱150克，猪瘦肉100克，红椒、青椒、木耳各20克

调 料

盐1/3小匙，味精1/5小匙，白糖1/2小匙，植物油25克

原料切丝要均匀，烹制要求旺火速成。

制作过程

1. 洋葱洗净，切丝。红椒、青椒洗净，切成丝。木耳用冷水浸泡至涨发，洗净，撕成小朵。
2. 猪瘦肉切成丝，下入沸水锅中汆烫一下，立即捞出，沥干水备用。
3. 炒锅置旺火上烧热，倒入植物油烧至八成热，放入洋葱丝爆香。
4. 加入猪肉丝、红椒丝、青椒丝、木耳，调入盐、白糖、味精翻炒均匀入味，淋明油，出锅即成。

1

2

3

4

蚝油里脊

原 料

猪里脊250克，青椒100克

调 料

蒜粒、豆豉、蚝油、料酒、酱油、盐、味精、水淀粉、花生油各适量

制作过程

1. 猪里脊肉洗净，切成稍厚的片。
2. 猪肉片放碗内，加入料酒、酱油、水淀粉拌匀，腌制上浆，待用。
3. 豆豉剁成碎粒。青椒去蒂、籽洗净，切块。
4. 青椒块放入开水锅中焯烫一下，捞出沥干。
5. 炒锅放油烧热，下蒜粒、豆豉爆香，放入里脊片炒散。
6. 加入青椒、味精、蚝油、盐翻炒片刻，加少许水烧开。
7. 用水淀粉勾芡，炒匀，出锅即成。

难易度

狮子头

原 料

去皮五花肉150克，马蹄、冬菇各10克，青菜心30克

调 料

盐12克，味精、老抽各10克，白糖、香油各5克，淀粉30克，鸡汤150克，生姜片少许

制作过程

1 五花肉洗净，去皮，剁成肉泥。

2 马蹄、冬菇洗净，切成米粒状。

3 肉泥加入盐、味精、淀粉、马蹄粒、香菇粒打至起胶，做成四个大丸子。

4 锅中下油，将油温烧至130℃，将大肉丸子下入锅中，炸至外金黄色、内熟透，捞起待用。

5 青菜心用开水烫熟，捞起摆入碟内。生姜洗净，切成末。

6 锅内留油，下入姜末，加入鸡汤，放入大肉丸子，用中火焖。

7 放盐、味精、白糖、老抽，用小火烧至汁浓。

8 用淀粉勾芡，淋香油，装入用青菜心垫底的盘中即成。

生爆盐煎肉

原 料

猪后腿肉250克，蒜苗100克

调 料

混合油、郫县豆瓣、盐、豆豉、料酒、老姜、白糖各适量

制作过程

1. 猪肉切成片。蒜苗切成马耳朵形。老姜切成指甲片状。豆瓣剁细。
2. 炒锅置旺火上，下油烧热，放入生肉片、姜片煸炒至吐油，烹入料酒。
3. 锅中再下豆豉、白糖、盐、豆瓣，炒至肉片上色。
4. 再放入蒜苗炒至断生，推匀起锅即可。

鱼香肉丝

原 料

猪肥瘦肉200克，水发木耳、水发玉兰片各50克

调 料

葱花、姜蒜末、泡红辣椒末、盐、醋、白糖、酱油、淀粉、鲜汤、料酒、油各适量

制作过程

1. 猪肉切粗丝，放料酒、盐、湿淀粉拌匀。
2. 水发木耳、水发玉兰片切成细丝。
3. 将白糖、醋、酱油、淀粉、鲜汤对成芡汁。
4. 炒锅置火上，下油烧热，放入肉丝快速炒散，立即下泡红辣椒、姜末、蒜末炒香。
5. 锅内再加入玉兰片、木耳，倒入芡汁炒匀，收汁，撒上葱花，起锅即可。

难易度 ☆☆

难易度

回锅肉

原料

带皮猪肉400克，蒜薹100克

调料

郫县豆瓣酱25克，甜面酱、酱油、料酒、盐、混合油、姜片、大蒜片各适量

制作过程

1. 将肥瘦相连的带皮猪肉刮洗干净。
2. 将猪肉放入汤锅内，煮10分钟，至八成熟时捞出晾凉。
3. 将猪肉切成长5厘米、宽4厘米、厚0.2厘米的片。
4. 将蒜薹择洗干净，斜刀切成马耳朵形。郫县豆瓣酱剁成蓉。
5. 炒锅内放入混合油，烧至六成热时，下入肉片略炒至出油。
6. 倒出多余的油，加入姜片和蒜片略炒。
7. 再加入郫县豆瓣酱、甜面酱、料酒、盐、酱油翻炒。
8. 再放入蒜薹，颠翻炒至断生即可。

风味五花肉

原 料

猪五花肉350克

调 料

花生油、盐、辣椒面、鸡蛋、干淀粉、香炸粉、彩椒圈各适量

制作过程

1. 猪五花肉洗净，切成片。
2. 五花肉调入盐、鸡蛋、干淀粉、香炸粉抓匀。
3. 锅入油烧至六成热，下五花肉片炸至外表酥脆捞起。锅内留底油烧热，下入五花肉片，调入辣椒面翻炒均匀，撒入彩椒圈即可。

青豆炒肉末

原 料

青豆粒、肉蓉各150克，水发香菇100克，辣椒25克

调 料

米酒、酱油、白糖、胡椒粉、葱末、色拉油各适量

制作过程

1. 青豆粒洗净，入沸水中烫熟，捞出。
2. 水发香菇去蒂，洗净，切成小片；辣椒切片。
3. 锅内加两大匙油，烧热，放入香菇丁、辣椒片、葱末爆香，加入肉蓉炒散，淋上米酒炒香。
4. 放入青豆粒，加酱油、白糖、胡椒粉，迅速炒拌入味即可。

难易度 ★★

难易度

芹菜香干炒肉

原 料

韶山香干300克，芹菜50克，美人椒少许，五花肉20克

调 料

花生油50克，味精5克，香油15克，生抽20克，盐、蒜瓣各适量

制作过程

1. 将香干切成菱形块，五花肉切1厘米厚的薄片，芹菜切3厘米长的段，蒜切片，辣椒切圈，备用。
2. 锅入油烧热，放入五花肉煸香。
3. 放入美人椒和蒜片炒香。
4. 下香干煸炒。
5. 将味精、盐、生抽加入调味。
6. 放入芹菜，炒出香味，出锅前淋香油即可食用。

难易度

刀板肉煨笋尖

煨笋尖时，不易煨得过烂，应保持笋的脆爽度，做出来的菜品口感才佳。

原 料

刀板肉300克，干笋尖100克

调 料

蒜子10克，青椒、红椒各5克，葱、味精、鸡粉、生抽、蚝油、红油、色拉油、高汤各适量

制作过程

1 将干笋尖用清水泡发好，用手撕成10厘米的长条，洗净。

2 将刀板肉洗净，切成2厘米厚的块状。

3 青椒、红椒分别洗净，切丝。葱洗净，切段。

4 锅置火上，加入适量清水烧开，将笋丝放入，焯水后捞出。

5 将刀板肉放入沸水锅中汆水。

6 另起锅，放入适量红油和色拉油，放刀板肉煸香。

7 加入味精、鸡粉、生抽和蚝油调味。

8 再加入高汤大火烧开。

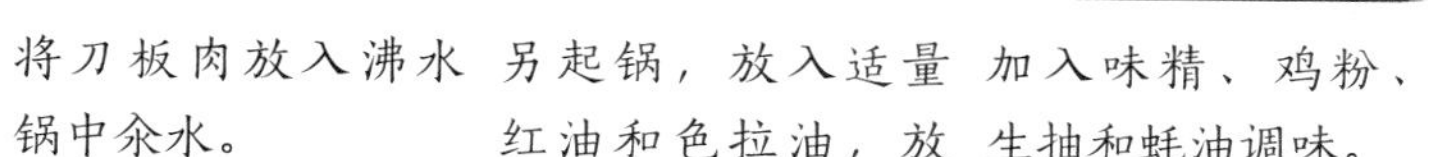

9 锅中下入笋尖烧开，改小火煨2小时，连汁取出待用。

10 锅内入油，倒入青红椒丝、葱段煸香。

11 再倒入笋尖和汤汁，大火收浓汁，即可出锅。

难易度

梅菜扣肉

原 料

五花肉500克，梅菜20克

调 料

酱油、蚝油、料酒、辣椒酱各10克，盐、味精、鸡粉各5克，辣椒粉、老抽、生抽、白醋各适量，高汤150克

制作过程

1. 将梅菜泡入凉水中，洗净。
2. 将五花肉放入开水锅中煮熟。
3. 将煮好的肉捞出，猪皮上抹上白醋、老抽。
4. 锅入油烧至七成热，把肉放进油锅中，炸至呈金黄色。
5. 将炸好的肉捞出，沥去油，放入温水中泡软。
6. 将肉块切成8厘米长、0.5厘米厚的肉片。
7. 在切好的肉片上加入料酒、盐、味精、鸡粉、胡椒粉、酱油，拌匀入味腌制20分钟。
8. 把入味腌制好的肉片整齐摆放在碗中，备用。
9. 将梅菜放入锅中，倒入高汤，加入胡椒粉、生抽、蚝油、辣椒酱、盐、味精、鸡粉、胡椒粉，小火煨出味。
10. 将煨好的梅菜摆放在肉上，入蒸锅中火蒸2小时，取出倒扣在盘中即可。

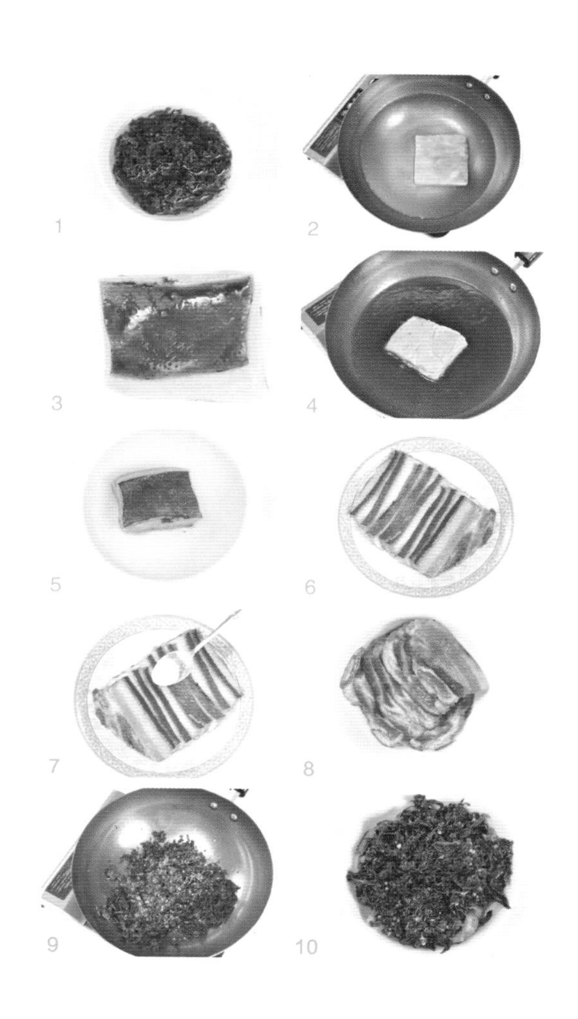

糖醋排骨

原 料

排骨500克

调 料

白糖、白醋、葱段、姜片、料酒、盐、素油各适量

制作过程

1. 将排骨切成段，放入碗内，加葱、姜、盐、料酒腌30分钟至入味。
2. 锅置火上，加油烧热，放入腌好的排骨炸至微黄，捞出控油。
3. 锅置火上，加入适量清水和白糖、白醋。
4. 下入排骨，收汁至快干时加盐调味，淋明油即可。

蒜香大排

原 料

猪肋排500克

调 料

蒜蓉50克，海鲜酱、沙茶酱、老抽、生抽、蚝油、红糖、味精、干红辣椒、色拉油各适量

制作过程

1. 猪肋排剁成长段，洗净后控干，放盛器内。
2. 盛器内加入海鲜酱、沙茶酱、老抽、生抽、蚝油、红糖、味精拌匀，腌2小时入味。
3. 炒锅放油烧至三成热，放入排骨，慢慢升高油温。
4. 炸至肋排熟透、表面变硬时捞出，沥油。
5. 炒锅留底油烧热，放入蒜蓉、干红辣椒炒出香味。
6. 再放入排骨翻炒均匀，装盘即成。

难易度 ★★

可乐排骨

原 料

猪小排750克

调 料

葱段、姜片、可乐、盐、鸡精、老抽、水淀粉各适量

制作过程

1. 猪小排洗净，剁成小段，放入开水锅中汆水，捞出沥干水。
2. 锅内倒入可乐，加入老抽、葱段、姜片、盐、鸡精。
3. 放入小排，用旺火煮沸。
4. 改用小火焖至排骨熟烂。
5. 待汤汁收浓后用水淀粉勾芡，出锅即成。

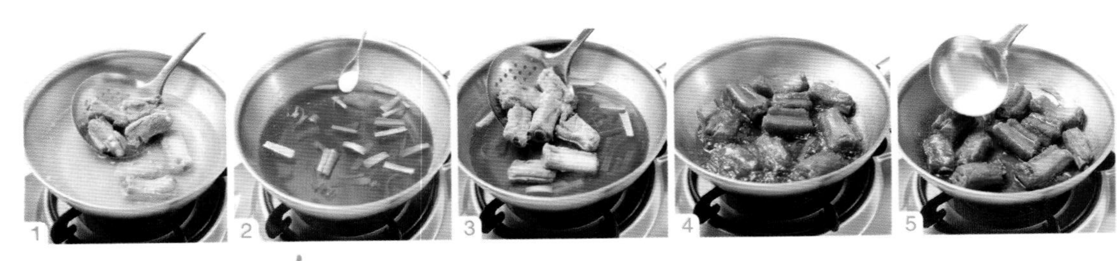

双椒韭黄炒腰柳

原 料

韭黄300克，猪腰500克，青、红椒丝各少许

调 料

葱花10克，盐1小匙，味精1/5小匙，白糖1/2小匙，植物油30克，蒜适量

制作过程

1. 韭黄择除老叶、黄叶，冲洗干净，切段。
2. 猪腰剖开，除去筋膜及腰臊，洗去血水，切丝备用。
3. 炒锅置旺火上烧热，倒入适量清水烧沸，将韭黄下锅焯水至断生，捞出沥干水。
4. 锅中再放入猪腰丝汆水至断生，捞出控干水。
5. 炒锅复置火上，旺火烧热，倒入植物油烧至八成热，加入葱、蒜爆香，放入韭黄、猪腰、青红椒丝。
6. 调入盐、白糖、味精，翻炒均匀入味，淋明油，出锅装盘即成。

烹制此菜时应当旺火速成。

难易度

火爆腰花

原料

鲜猪腰2个，青椒100克，木耳50克

调料

油、干辣椒、酱油、湿淀粉、二汤、料酒、花椒粒、盐、葱姜蒜、白糖、香油、醋各适量

制作过程

1. 将猪腰剖开，去腰臊。
2. 将治净的猪腰切凤尾花刀，洗净后控水。
3. 再加料酒、盐、姜片腌制。
4. 木耳治净，撕成小朵。青椒洗净，切块。葱切段，姜切片，干辣椒切段，备用。
5. 酱油、盐、白糖、二汤、醋、湿淀粉、香油调成芡汁。腰花入油锅滑熟捞出。
6. 干辣椒段、葱姜蒜、青椒、木耳入油锅炒香。
7. 下入腰花，烹入料酒和芡汁，炒匀出锅即可。

难易度

五花肉炒猪肝

原 料

五花肉50克，猪肝200克，青辣椒100克，红辣椒30克

调 料

植物油、盐、味精、鸡粉、蚝油、老抽各适量，姜、蒜各10克，香菜15克

制作过程

1 猪肝和五花肉分别洗净，切薄片。

2 将青红椒洗净，分别切5毫米厚的圈。蒜、姜切片，香菜切段。

3 将切好的猪肝加入盐和老抽，腌制拌匀。

4 锅置火上加热，放入适量植物油，将切好的薄片五花肉放入锅中煸香。

5 再放入姜蒜片煸出香味。

6 加入切好的青红椒圈。

7 放入盐、味精、鸡粉调味。

8 将猪肝放入锅内，加入蚝油和老抽，大火翻炒半分钟。

9 再放入香菜段，翻炒均匀即可出锅。

干煸肥肠

原 料

猪大肠350克

调 料

干辣椒、花椒、香葱、葱姜片、盐、味精、花生油、料酒、白糖各适量

制作过程

1. 大肠搓洗净，放锅内，加料酒、葱姜片及适量水煮至熟烂。
2. 捞出大肠过凉水，切条。干辣椒切节，香葱切段。
3. 锅内放油烧热，下入大肠条炸至上色、皮脆，捞出备用。
4. 锅中留少许油，下入花椒、辣椒炒出香味。
5. 下入炸好的大肠、香葱，调入盐、味精、白糖，翻匀出锅即成。

苦瓜烧肥肠

原 料

苦瓜1根，大肠1条，辣椒1个

调 料

料酒5克，蒜末5克，酱油8克，白糖、芡汁各3克，胡椒粉少许，色拉油适量

制作过程

1. 辣椒切斜片。苦瓜洗净，剖开后去籽。
2. 苦瓜先横切成3小段，再直切成条状。
3. 大肠洗净，煮烂后取出，剖开，切条。
4. 锅中下油烧热，放入蒜末，再放入大肠同炒。
5. 锅中放入苦瓜，加入料酒、酱油、白糖、胡椒粉，小火烧至入味。
6. 放入辣椒片，待汤汁稍收干时勾芡，盛出即可。

1. 要选择色泽浅白、颗粒突起粗大的苦瓜，这种苦瓜苦味较轻，质地较软嫩。
2. 大肠可买现成煮好的，也可一次多煮几条，煮熟后放入冰箱冷冻，随取随用。

难易度 ★★

熘肥肠

原 料

大肠450克，青红尖椒50克，葱段15克

调 料

蒜泥5克，色拉油600克，八角、桂皮各10克，生姜15克，盐20克，味精10克，鸡精5克，酱油、福建老酒各10毫升，味极鲜酱油15毫升，水淀粉少许

难易度

☆☆

制作过程

❶ 大肠清洗干净。取一炒锅，加水烧开，倒入洗净的大肠氽一会儿，捞出洗净。

❷ 取一高压锅，倒进大肠，放15克盐，加入八角、桂皮、生姜、福建老酒，将大肠煮烂（煮约6分钟）。

❸ 取出煮好的大肠头，用冷水冲凉，沥干水，切成4厘米见方的块。

❹ 将大肠块用适量酱油上色，待用。

❺ 炒锅上火，放上色拉油烧成八成热，放入上好色的大肠块，爆炒至呈黄色时捞起，沥油待用。

❻ 炒锅上火，倒入蒜泥、葱段、青红尖椒爆炒几下。

❼ 加入清汤，放进大肠头块，调入盐、味精、味极鲜酱油，勾芡出锅即可。

把大肠放入清水中浸泡，然后滴入少量醋，浸泡15分钟左右，再进行清洗，能有效去除大肠的异味。

农夫焦熘肠

原料

猪大肠350克，彩椒100克，洋葱50克

调料

色拉油、盐、味精、白糖、蚝油、干淀粉各适量

制作过程

1. 将猪大肠洗净，斜刀切成段。
2. 彩椒洗净，切片。洋葱剥去干皮，洗净，切条。
3. 炒锅上火，倒入水烧开，下入猪大肠汆水。
4. 捞起大肠控净水，拍匀干淀粉，备用。
5. 净锅上火，倒入色拉油烧至七成热，下入猪大肠炸至外表酥脆时捞起，沥净油备用。
6. 锅内留底油，下洋葱、彩椒炒香。
7. 调入盐、味精、白糖、蚝油，下入猪大肠迅速翻炒均匀即可。

滑子菇炒腊肉

原 料

腊肉、滑子菇各250克，芹菜100克，红辣椒20克

调 料

盐、味精、鸡精、水淀粉、料酒、葱姜蒜、色拉油各适量

制作过程

1. 芹菜洗净，切丝。红辣椒洗净，切丝。
2. 腊肉蒸熟切片，氽水备用。
3. 滑子菇开袋后用清水冲掉盐分，焯水备用。
4. 炒锅放油烧至五成热，放入腊肉片、芹菜丝、红辣椒丝，滑油后捞出。
5. 锅内留底油，放葱姜蒜、料酒煸香，下入滑好油的原料。
6. 锅放入滑子菇翻炒，放入调料调味，大火炒匀，勾芡即可。

难易度 ★★

冬笋炒腊肉

原 料

冬笋300克，蒜子10克，青蒜叶10克，腊肉50克

调 料

花生油20克，酱油10克，味精1克，盐1克，鸡粉2克，干辣椒油25克

制作过程

1. 将冬笋去皮洗净，腊肉切片，辣椒切段，蒜子切片，青蒜切斜刀。
2. 将冬笋煮熟，切片备用。
3. 锅内放入花生油，将腊肉煸香。
4. 再加入蒜片和干辣椒翻炒。
5. 下入味精、鸡粉，小火翻炒入味。
6. 加入酱油，上色半分钟。
7. 再加入青蒜叶，迅速翻炒即可出锅。

冬笋尖比较脆，不可久煮。煮熟煮透即可，以防麻口。炒时要旺火热油，煸炒瞬间即成。

蒜苗腊肉

原 料

生腊肉300克，青蒜20克，红尖椒30克

调 料

香油5克，植物油15克，料酒5克，味精1克，白砂糖2克

制作过程

1. 将整块腊肉放入锅中蒸20分钟，取出，去皮切成薄片。将洗净的青蒜切成斜段。辣椒洗净去籽，切成片状。
2. 锅内加入适量水烧开，将腊肉、蒜苗分别放入水中烫熟后捞出。
3. 锅中倒入15克油，烧热后放入蒜苗、辣椒炒拌均匀。
4. 再放入腊肉、味精、白砂糖、料酒及适量清水，用大火快速翻炒。
5. 最后浇淋香油起锅，盛入盘中即可食用。

焖炒腊肠

原 料

腊肠200克，小土豆150克，泡椒25克

调 料

白糖、酱油、盐、辣椒油、蒜泥、姜片、葱段各适量

制作过程

1. 将腊肠洗净，蒸熟后切段。小土豆去皮洗净，切成小块。
2. 净锅上火，倒入色拉油烧热，下干红椒、泡椒、姜片爆香。
3. 烹入料酒、酱油，下入小土豆略炒。
4. 倒入清汤，放入腊肠，调入盐、白糖焖炒至熟，撒香葱末即可。

红烧蹄筋

原 料

发好的牛蹄筋500克，黄瓜、笋、油菜各适量

调 料

郫县豆瓣酱、料酒、味精、葱、姜、鲜汤、花生油各适量

制作过程

1. 黄瓜、笋分别洗净，切片。
2. 油菜洗净，下沸水锅焯水后捞出，摆入盘中围边。
3. 牛蹄筋切成3厘米长的段，入开水锅稍煮，捞出。
4. 炒锅放油烧热，下葱、姜、豆瓣酱炒出香味，烹入料酒。
5. 加鲜汤烧开，用小漏勺把豆瓣酱渣捞出。
6. 放入蹄筋、笋，小火慢烧至汤汁浓稠。
7. 放入黄瓜片略烧，撒味精，出锅即成。

炒杂烩

原 料

牛里脊250克，大白菜、胡萝卜、竹笋、洋葱、黄瓜各125克，菠菜、鸡蛋皮各50克，粉丝60克

调 料

酱油、白糖各2小匙，黑、白胡椒粉各1克，盐2/5小匙，味精1/3小匙，香油1小匙，植物油20克

制作过程

1. 将粉丝用温水泡软后捞出，控干，切成段。
2. 白菜、胡萝卜、竹笋、洋葱、黄瓜均洗净，切成丝。
3. 菠菜切成段，鸡蛋皮切丝。
4. 牛肉切丝，加白糖、酱油、香油、黑胡椒粉搅拌均匀，腌15分钟入味。
5. 锅入油烧至五成热，分别放入牛肉丝、大白菜丝、粉丝、胡萝卜丝、竹笋丝、洋葱丝、菠菜段炒熟，盛出。
6. 净锅置火上，加少许油烧热，放入所有炒好的原料，调入酱油、白糖、盐、白胡椒粉和味精，炒匀即可。

豉椒牛肉

原 料

牛后腿肉300克，青椒200克，豆豉50克，蛋清1个

调 料

酱油、料酒各2小匙，盐2/5小匙，白糖1.5小匙，味精、胡椒粉各1/4小匙，清汤100克，葱花、姜丝、蒜泥共12克，植物油800克，小苏打、香油、水淀粉各适量

制作过程

1. 牛肉洗净切片，加盐、水淀粉拌匀，腌制入味上浆。
2. 牛肉片加小苏打、酱油、蛋清、植物油、料酒拌匀。
3. 青椒去蒂、籽，洗净，切片。豆豉剁碎。
4. 炒锅烧热，倒入植物油烧至四成热，放入肉片滑熟。
5. 倒入青椒焐片刻，捞出控干油。
6. 炒锅留底油，放入葱花、姜丝、蒜泥炝锅，加入牛肉、青椒翻炒。
7. 加入酱油、胡椒粉、味精、白糖、清汤和剁碎的豆豉，用水淀粉勾芡，翻炒均匀，淋香油后即可出锅。

干煸牛肉丝

原 料

牛肉400克，水发竹笋100克，西芹25克

调 料

干辣椒25克，花椒、淀粉、白糖、味精、花生油、盐、葱花、姜末各适量

制作过程

1. 牛肉切成丝，加盐腌至入味，拍匀淀粉。
2. 干辣椒、竹笋、西芹洗净，分别切丝。
3. 锅中放油烧至八成热，下入牛肉丝炸酥，捞出沥油。
4. 锅内留少许油，下入葱花、姜末、干辣椒、花椒爆香。
5. 倒入炸好的牛肉丝，放入西芹丝、竹笋丝翻炒均匀。
6. 加入白糖、味精调好味即可。

牛肉丁豆腐

原 料

豆腐250克，牛肉50克，蛋清1个

调 料

料酒、酱油各1.5小匙，白糖1小匙，盐2/5小匙，郫县豆瓣15克，葱10克，姜末5克，味精1/3小匙，植物油700克（实耗35克），水淀粉适量

制作过程

1. 葱切段，郫县豆瓣剁细，待用。
2. 豆腐切成2厘米见方的丁，倒入开水锅中焯一下。
3. 牛肉洗净，剔去筋膜，切成0.5厘米见方的丁。
4. 牛肉丁放入碗中，加酱油、料酒、蛋清、盐、味精和水淀粉搅拌均匀。
5. 炒锅烧热，倒入植物油烧至五成热，放入牛肉丁炸至酥松，捞出控油。锅内留少许底油烧热，放葱段、姜末、郫县豆瓣煸炒至变色、起香。
6. 放入豆腐丁、牛肉丁炒匀，用水淀粉勾芡即成。

黑胡椒牛柳

原 料

嫩牛肉300克，洋葱1/2个，红辣椒丝80克

调 料

A. 酱油、水、淀粉、小苏打各适量
B. 酱油、料酒、黑胡椒、白糖、盐、高汤各适量
C. 蒜末15克，葱末5克，盐少许，植物油适量

制作过程

1. 牛肉逆纹切丝。洋葱切丝。
2. 调料A调匀，放入牛肉丝抓拌均匀，腌30分钟。
3. 锅中加油烧至八成热，放入牛肉丝过油至九成熟，捞出。
4. 炒锅洗净，置火上，加油烧热，放入洋葱丝炒香，加少许盐调味。
5. 放入红辣椒丝炒数下，一起盛出放在盘中。
6. 另起油锅，炒香蒜末和葱末，加入调料B炒煮至浓稠，成黑胡椒酱。
7. 将一半黑胡椒酱淋在洋葱丝上。
8. 再将牛肉丝入锅中拌炒一下，加入剩余的胡椒酱，盛放在洋葱丝上即可。

桂花羊肉

原 料

熟精羊肉300克，蛋清1个

调 料

盐3/5小匙，味精1/4小匙，花椒水1小匙，料酒1/2大匙，胡椒粉1/5小匙，葱段10克，植物油700克，水淀粉适量

制作过程

1. 将羊肉用手撕成细丝，加盐、味精、花椒水、胡椒粉、料酒腌制入味。
2. 羊肉中再加蛋清、水淀粉拌匀上浆。
3. 锅入油烧至五成热，放入羊肉丝滑散，捞出沥油。
4. 炒锅留底油，放入葱段炝锅，加料酒、盐、味精调味，放入羊肉丝。
5. 用水淀粉勾芡，翻炒均匀，淋明油，出锅装盘即成。

将羊肉切整齐后用手撕成丝，形似桂花。

辣炒羊肉丝

原 料

精羊肉300克

调 料

干辣椒6只，盐2/5小匙，酱油$1\frac{1}{2}$小匙，葱、姜、蒜丝共12克，料酒2小匙，味精1/4小匙，胡椒粉1/4小匙，香油、花椒水各1小匙，植物油25克

1. 羊肉放冰箱中静置一会儿再切丝，会比较容易切。
2. 羊肉丝要尽量切得粗细均匀，成菜才漂亮。

制作过程

1. 羊肉洗净，剔净筋膜，切成丝。
2. 羊肉丝用清水浸泡，捞出控干，加料酒、盐、花椒水、胡椒粉拌匀入味。
3. 干辣椒泡软，切长丝。
4. 炒锅烧热，倒入植物油烧至五成热，放入辣椒丝煸至变色，取出。
5. 将羊肉丝放入油锅中，煸到肉丝呈深黄色时加入干辣椒丝、姜丝、蒜丝稍煸。
6. 加酱油，放入葱丝，淋香油，放味精，炒匀即可。

板栗红枣烧羊肉

原料

羊肉200克，红枣、板栗各100克，干淀粉适量

调料

白糖2小匙，番茄酱2小匙，醋1小匙，植物油500克（实耗35克）

制作过程

1. 羊肉用温水洗净，切块，待用。
2. 炒锅置火上，加入植物油烧至六七成热，将备好的羊肉块拍上干淀粉，放入热油锅中炸熟，捞出。
3. 大枣洗净，去核，和板栗一起放入沸水锅中焯水，捞出待用。
4. 炒锅内放少许油烧热，放入羊肉、大枣、板栗，调入白糖、番茄酱、醋烧至入味，淋明油，出锅盛盘即成。

蜀香羊肉

原 料

羊里脊肉300克，土豆1个

调 料

盐、白糖、辣椒面、孜然粉、食粉、松肉粉、鸡粉、葱、蒜、花生油各适量

制作过程

1. 羊肉去筋，切成厚片，加食粉、松肉粉、盐、白糖、鸡粉腌制入味，备用。
2. 土豆切片，入热油锅炸至呈金黄色，捞出摆盘中。
3. 锅中入油烧热，爆香葱、蒜，加羊肉片、盐、味精、白糖、辣椒面、孜然粉翻炒均匀，盛于炸好的土豆片上即可。

难易度

手撕羊排

要点提示

1. 将羊肉炒制前先进行煨炖，能使羊肉味更足，口感好，同时还能去掉羊肉本身的膻味。
2. 成菜香辣可口，外焦里嫩。羊肉性甘，温而不燥、温中暖下、补肺肾气，较适合冬令进补。

原 料

羊排500克，干辣椒段100克

调 料

紫苏20克，姜5克，色拉油1000克，味精20克，盐5克，孜然粉10克，鸡粉少许，豆瓣酱、辣妹子酱、八角、桂皮、香叶、香菜碎、芝麻、花生碎各少许

制作过程

将羊排切成5厘米长的段，氽水。

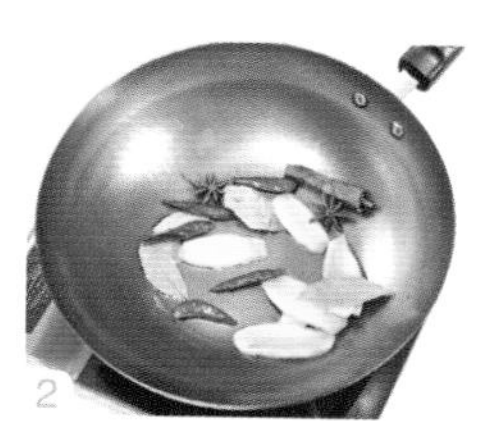

锅入油烧热，放姜片、干辣椒、八角、桂皮、香叶炒香。

放入氽过水的羊肉，大火继续翻炒。

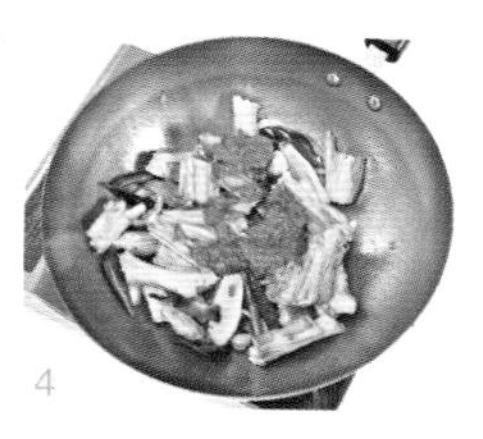

加入豆瓣酱、辣妹子酱翻炒出香味。

倒入清水，烧开，撇去浮沫。

加入盐、鸡粉、味精调味，小火慢炖至羊肉软烂。

将羊肉捞入盘内。

锅内放油1000克，烧至七成热，下入炖好的羊排炸酥。

锅内留底油，放干辣椒、孜然粉，炒香。

倒入炸好的羊排，加盐、鸡粉、味精调味。

加入香菜、花生碎、芝麻，出锅即可。

水芹炒百叶

1

原 料

水芹菜300克，羊百叶120克

调 料

盐3/5小匙，味精1/5小匙，料酒、醋各1小匙，植物油20克

2

制作过程

❶ 水芹菜择去叶、须根、老根，洗净，切约4厘米长的段。百叶切成丝。

❷ 炒锅中加入清水，旺火烧沸，放入百叶浸泡，捞出控水。炒锅洗净，置火上烧热，倒入植物油烧至七成热，放入水芹段煸炒。

❸ 加入百叶丝，调入盐、味精、料酒、醋翻炒至入味、断生，出锅装盘即可。

3

第四章 软嫩禽蛋小炒

炒辣子鸡丁

原 料

鸡肉400克，马蹄丁、青红尖椒丁各适量

调 料

盐、酱油、甜面酱、料酒、花生油、葱姜片、淀粉、鸡蛋液各适量

制作过程

1. 鸡肉洗净，切丁。马蹄洗净，去皮切丁。
2. 鸡肉加盐、料酒腌制入味，加鸡蛋液、淀粉抓匀。
3. 将鸡丁入油锅滑熟。马蹄、青红尖椒丁入沸水焯熟。酱油、料酒、淀粉对成汁。
4. 起油锅烧热，爆香葱、姜，加甜面酱稍炒，放入鸡肉丁、马蹄丁和青红尖椒丁，倒入对好的芡汁炒匀，装盘即成。

果味鸡丁

原料

鸡脯肉200克，菠萝1/4个，苹果半个，圣女果2个

调料

盐、白糖、料酒、姜片、葱段、湿淀粉、鲜汤、精炼油、松肉粉各适量

制作过程

1. 鸡脯肉去骨，切丁，加盐、松肉粉、料酒、姜、葱码味15分钟，用湿淀粉和匀。
2. 菠萝切成丁；苹果切丁；圣女果切丁。
3. 盐、白糖、鲜汤、湿淀粉调匀成味汁。
4. 锅置旺火上，烧精炼油至四成热，放入鸡丁滑散至熟，滗去余油，倒入菠萝丁、苹果丁、圣女果丁颠锅和匀，烹入味汁，收汁亮油，起锅装入盘中即成。

麻辣鸡豆腐

原 料

豆腐400克，鸡脯肉100克，青红椒粒50克

调 料

干辣椒段、葱姜末、盐、蛋清、干淀粉、植物油、鸡汤、白糖、酱油、料酒各适量

制作过程

1. 鸡脯肉洗净，切丁，加蛋清、干淀粉抓匀。
2. 豆腐洗净，切小块，焯水，捞出沥干水。
3. 将鸡脯肉入热油锅中滑散，捞起沥油。
4. 起油锅烧热，下干辣椒、葱、姜爆香。
5. 加鸡汤，放盐、味精、白糖、酱油、料酒调味，加鸡丁炒匀，勾芡后下入豆腐。
6. 再加青红椒稍炒，装盘即可。

泡椒鸡片

原 料

鸡脯肉300克，泡椒50克

调 料

盐、料酒、白糖、花椒、葱姜蒜、花生油、辣椒油、蛋清、湿淀粉、鸡汤各适量

制作过程

1. 鸡脯肉片成片，加盐、料酒腌制入味，用蛋清、淀粉上浆。
2. 将鸡脯肉入五成热油中滑熟，倒出控油。
3. 起油锅烧热，爆香葱姜蒜、花椒，加鸡汤，放盐、白糖调味。
4. 加鸡片炒匀，用湿淀粉勾芡，起锅装盘中。
5. 用辣椒油炒香泡椒，浇在鸡片上即可。

难易度 ★★

泉水鸡

原 料

白条鸡1000克

调 料

豆瓣、豆豉、白酒、胡椒粉、老抽、盐、干辣椒、泡椒、花椒、姜、蒜、葱、白糖、色拉油各适量

制作过程

1. 把鸡肉宰杀好，处理干净，用水洗净，切成小块。
2. 锅中放入冷水，放入鸡块烧开，氽水，捞出控干水，放入老抽、姜丝、白酒、盐腌制20分钟。
3. 大蒜、姜洗净切片，泡椒切条，干辣椒洗净切段，胡椒洗净，葱洗净切末。豆豉剁碎装小碗。
4. 锅中放油（平时炒菜的2倍）烧七成热，放入腌制好的鸡块，加入花椒颗粒翻炒至鸡块变深发黄，加入豆瓣、豆豉、泡椒、姜、蒜、干辣椒翻炒一下，倒入矿泉水和白糖煮约30分钟至熟，调入盐炒匀，盛入容器中，撒上葱末即可。

花椒鸡

原 料

三黄鸡半只

调 料

青花椒、葱、姜、生抽、红糖、大蒜、盐、白酒各适量

制作过程

1. 鸡肉洗净后撒上盐，用手搓揉一至两遍，然后用清水冲洗干净。切成小块，并将多余的油脂分离出来。
2. 炒锅中不放油，放入鸡油用小火加热，将多余的油脂煸出，盛出油渣，利用锅中的鸡油煸香大蒜，炒至大蒜呈金黄色，放入切好的鸡肉，继续翻炒至鸡肉变白。
3. 鸡肉变色后淋入白酒炒匀，放入葱、姜、红糖拌匀，淋入生抽，转成中大火将鸡肉炒至呈棕红色，放入青花椒粒、花椒叶炒匀；待花椒出现香味后，加入开水没过鸡肉表面，加盖用中火炖至汤汁收干、鸡肉成熟即可。

烧鸡公

原料

三黄鸡1只，土豆2个，青、红尖椒各1个

调料

大葱段、烧鸡公调味料各适量

制作过程

1. 三黄鸡洗净，斩合适大小的块备用。土豆削去外皮，洗净切块；青辣椒、红辣椒切片。
2. 炒锅放油烧热，下入烧鸡公调料，不断翻炒烧鸡公调味料，炒出香味为止。
3. 将鸡块炒至断生入味，下入葱段炒出香味，添加淹没肉块的水或者高汤。大火烧开后，改中小火煮20分钟至汤汁露出鸡块，放入土豆块继续煮，将土豆煮熟。
4. 放入青红辣椒片炒至断生，出锅即可食用。

芋儿鸡

原 料

鸡1只，芋儿750克

调 料

老姜、葱、花椒、酱油、盐各适量

制作过程

1. 锅中放油烧至七成热，倒入鸡块、姜、葱结、花椒一起爆炒至水干亮油。
2. 将鸡块推至锅边，放盐、酱油中小火炒出香味，再和鸡块同炒半分钟至上色。
3. 放汤或水烧沸，加盖改小火慢慢焖约40分钟至鸡块七成熟，再放一点儿盐，下芋儿，加盖改中火烧沸，改小火继续焖约20分钟至芋儿软糯，拣去葱、姜不要，收浓汤汁起锅即成。

啤酒鸡块

原 料

童子鸡1只

调 料

葱段、姜片、陈皮、啤酒、盐、鸡精、白糖、水淀粉、花生油各适量

制作过程

1. 鸡洗净，剁成块，下开水锅氽水后捞出，沥干水。
2. 炒锅放油烧热，下葱段、姜片炒香，放入鸡块翻炒。
3. 加入陈皮、啤酒、盐、鸡精、白糖，翻炒至鸡块变色。
4. 再加入少量清水，煮沸后用小火焖15分钟至汁浓。
5. 用水淀粉勾芡，翻炒均匀，出锅即成。

难易度

鸡丁腰果

原 料

生鸡半只，腰果60克，西芹120克，马蹄4个，胡萝卜1个，小红萝卜8个，青豆60克

调 料

葱白、姜片共15克，蛋清2个，水淀粉50克，盐4/5小匙，味精2/5小匙，白兰地酒1/2大匙，植物油1000克（实耗40克）

制作过程

1

鸡洗净，剔骨取肉，切丁。

2

鸡丁加盐、味精、蛋清、淀粉拌匀。

3

腰果放入加盐的沸水锅中烫一下，捞出晾干。

4

腰果下热油锅中炸香，捞出。

5

胡萝卜、西芹均洗净，切丁。

6

西芹、马蹄、小红萝卜、青豆加盐拌一下，下热油锅浇炸，装盘待用。

7

炒锅烧热，倒入植物油烧至六成热，放入鸡丁炸至金黄，捞起沥油。

8

锅留底油烧热，放入鸡丁、西芹丁、马蹄丁、胡萝卜丁、小红萝卜、青豆、葱白丁炒匀，烹入白兰地酒，淋入水淀粉勾芡，拌入腰果，装盘即成。

蛤蜊鸡

原 料

蛤蜊200克，鸡腿肉250克

制作过程

1. 鸡腿肉洗净，剁成块。
2. 蛤蜊吐净泥沙后洗净，沥干。
3. 炒锅上火，倒入水烧开，下入鸡块汆水，捞起控净水。
4. 净锅上火，倒入色拉油烧热，下葱姜蒜末炒香，烹入酱油。
5. 放入鸡块煸炒至熟，调入盐、味精。
6. 再放入蛤蜊翻炒至张口，勾薄芡，撒入香菜段即可。

调 料

色拉油、酱油、水淀粉、盐、味精、葱姜蒜末、香菜段各适量

板栗烧鸡

原 料

仔鸡400克，板栗300克

调 料

盐、味精、老抽、上汤、绍酒各适量

制作过程

1. 将仔鸡处理好，洗净，剁成3厘米见方的块，备用。
2. 板栗肉洗净，沥干水。
3. 炒锅放油，烧至八成热，下鸡块煸炒至水干。
4. 放入老抽、水，然后加入板栗烧熟。
5. 加盐、上汤焖3分钟，加味精、绍酒调味，收干汁即可。

仔鸡肉质较嫩，不易煸炒太久。板栗去皮较难，一般用刀将板栗切成两瓣，去掉外壳后放入盆里，加开水浸泡一会儿后用筷子搅拌，板栗皮就会脱去。但应注意浸泡时间不宜过长，以免营养流失。

老姜炒鸡翅

原 料

鸡翅300克，老姜300克，青椒、红椒各少许

调 料

盐5克，味精3克，胡椒粉3克，鸡粉10克，茶油100克，酱油少许

制作过程

1. 将洗净的鸡翅剁成2厘米见方的小块。
2. 将姜切成2厘米见方的小块，并用刀背拍碎。
3. 将青椒、红椒分别切成斜刀片。
4. 热锅凉油，放入姜块煸香。
5. 放入鸡块，炒至五成熟，再放入盐、味精、鸡粉、胡椒粉调味，加入酱油调色。
6. 再放入切好的辣椒片，翻炒2分钟，出锅装盘即可。

辣香芝麻鸡翅

原 料

中节鸡翅600克，熟白芝麻35克，干辣椒节15克

调 料

料酒60克，盐3克，鸡精2克，精炼油75克，山柰、八角、丁香、生姜片、花椒、葱节、桂皮、陈皮各少许

制作过程

1. 鸡翅投入沸水锅中汆水，洗净入碗。
2. 碗中再加入盐、葱节、花椒、桂皮、陈皮、八角、丁香、山柰、生姜片，入笼蒸入味，拣出鸡翅。
3. 锅入油烧热，下干辣椒、鸡翅翻炒几下。
4. 再下料酒和原汤，用中火烧至无汤汁时，放鸡精、熟芝麻推匀，冷却装盘即成。

难易度 ☆☆

贵妃鸡翅

原 料

鸡翅20只，胡萝卜片80克

调 料

盐、冰糖、料酒、花椒、姜片、葱、酱油、湿淀粉、清汤、菜油各适量

制作过程

1. 将鸡翅洗净。胡萝卜洗净，切片。
2. 将鸡翅放入开水中汆8分钟，捞出沥水。
3. 鸡翅入油锅煸炒一会。冰糖炒成糖汁。
4. 炒锅洗净，放入姜片、葱（挽结）、鸡翅、酱油、料酒、冰糖汁、花椒、盐、清汤、胡萝卜，用大火烧开，改用小火烧。
5. 将烧好的鸡翅捞出装盘中，烧鸡汁的汤用湿淀粉勾芡，起锅淋在鸡翅上即可。

1

2

3

4

5

椒盐鸡软骨

要点提示

鸡软骨又称掌中宝、鸡脆骨，是指鸡爪中间的一小块软骨或鸡膝关节中间的脆骨，它口感独特，易熟，但腥味重，因此在制作时应用调料腌渍去异味。

原 料

鸡软骨300克，胡萝卜粒少许，红椒、葱各20克

调 料

味精6克，食用油、料酒各适量，胡椒粉5克，盐、辣椒酱各8克，鸡蛋液、淀粉、蒜各少许

制作过程

1. 将鸡软骨洗净，放入沸水锅中汆烫，捞出控干。
2. 鸡软骨用鸡蛋液、淀粉、蒜和胡萝卜粒调成的汁腌渍2小时。
3. 将鸡软骨放入热油锅中稍炸，捞出。
4. 锅中放油烧热，下入鸡软骨、红椒、葱及其余调料，爆炒2分钟即可。

1

2

3

4

难易度

干煸鸡心

原 料

鸡心600克，芹菜60克，青蒜适量

调 料

植物油120克，豆瓣辣椒酱、辣椒粉、白糖、料酒、姜、盐、酱油、醋、味精各适量

制作过程

1. 鸡心洗净，片成1～2毫米厚的片。姜去皮，切丝。
2. 芹菜择去根、筋、叶，洗净，切成2～3厘米长的段。
3. 青蒜择洗净，切段。豆瓣辣椒酱剁成细泥，备用。
4. 炒勺用旺火烧热，倒入植物油烧至六七成热，放入鸡心快速煸炒几下。
5. 加入盐，炒至鸡心酥脆且呈枣红色。
6. 加入豆瓣辣椒酱和辣椒粉，再颠炒几下。
7. 依次加入白糖、料酒、酱油、味精、盐，翻炒均匀。
8. 再放入芹菜、青蒜、姜丝拌炒几下，淋少许醋，颠翻几下后盛出即可。

油爆鸭丁

原 料

鸭脯肉200克，玉兰片、香菇、黄瓜各30克，鸡蛋清1个

制作过程

1. 将鸭脯肉上的筋膜去除，两面用刀拍松，再切丁。
2. 鸭丁加盐、蛋清、水淀粉抓匀。
3. 玉兰片、香菇分别洗净，切薄片，放入沸水锅中焯一下。黄瓜切薄片。
4. 将鸡汤、料酒、味精、水淀粉同放碗中对成芡汁。炒锅烧热，倒入植物油烧至四成热，放入鸭丁拨散，炸至八分熟捞出。
5. 锅内留少量油，放入葱末、姜蓉、蒜泥炒香，倒入黄瓜片、玉兰片、香菇片、鸭丁，翻炒均匀。
6. 随即倒入对好的芡汁，颠翻均匀，即可起锅。

调 料

盐2/5小匙，料酒1小匙，味精1/5小匙，鸡汤60克，葱末、姜蓉、蒜泥共12克，植物油、水淀粉各适量

干煸豆豉鸭

1.做菜用的鸭子要选嫩鸭。
2.此菜豆豉的用量要大，体现豆豉风味。

原料

生鸭1只（约重1200克），洋葱50克

调料

豆豉50克，蒜泥、姜片、葱段共30克，料酒2大匙，盐1/3大匙，味精3/5小匙，植物油60克，水淀粉1大匙，葱花适量

制作过程

1. 鸭宰好洗净，切块。
2. 鸭块放入容器中，加葱段、姜片、料酒、盐腌渍。
3. 洋葱剥去皮，切丁，下热油锅炒香，盛出备用。
4. 炒锅置旺火上烧热，倒入少量植物油，放入姜片、蒜泥、葱段煸香，再放入洋葱丁、豆豉、鸭块一同翻炒。
5. 加入料酒、水、盐、味精，小火煮20分钟后用水淀粉勾芡，撒上葱花，装盘即可。

难易度

酱爆油豆腐鸭片

原 料

鸭腿肉250克，香菇25克，油炸豆腐、青椒各100克，笋肉85克，洋葱15克

调 料

酱油、生油各2/5小匙，甜面酱1大匙，郫县豆瓣20克，白糖、姜汁各1小匙，淀粉30克，蒜泥5克，植物油适量

制作过程

1. 鸭肉切片，加入姜汁、酱油腌20分钟上色入味。
2. 将鸭片用淀粉拍匀。
3. 油豆腐用热水洗过，挤去水，切成小片。
4. 香菇、笋、洋葱、青椒均洗净，切片。
5. 用郫县豆瓣、酱油、甜面酱、白糖混合均匀调成料汁，将鸭肉腌渍入味。
6. 炒锅烧热，加入植物油烧至六成热，放入鸭片炸至八成熟时捞出。
7. 锅内留少量油，放入蒜泥和滑好的鸭肉煸炒片刻。
8. 放入豆腐片、香菇片、笋片、洋葱片、青椒片共炒熟，倒入调味汁，翻炒匀即成。

韭香鸭血

原 料

鸭血（盒装）400克，韭菜150克

调 料

色拉油、盐、味精、姜丝、料酒、香油各适量

韭菜炒至断生后下入鸭血炒匀即可，不要将其炒碎。

制作过程

1. 将鸭血从包装盒中取出，切成长条。
2. 韭菜择洗净，切段。
3. 炒锅上火，倒入水烧沸，下入鸭血汆水，捞起沥净水分。
4. 净锅上火，倒入色拉油烧热，下姜丝爆香，烹入料酒。
5. 下入韭菜炒至八成熟，调入盐、味精。
6. 再下入鸭血迅速翻炒均匀，淋香油，装盘即可。

青椒炒荷包蛋

这道菜重在煎荷包蛋，热锅热油，迅速把鸡蛋内的水分锁住，外焦里嫩，成菜口感才会好。

原 料

鸡蛋5个，青蒜段20克，青椒圈100克，红椒50克

调 料

色拉油适量，味精、盐、鸡粉各少许

制作过程

1. 将鸡蛋入油锅煎熟成金黄色。
2. 锅置火上，放入适量油烧热。
3. 锅内放入青椒圈，煸出香味。
4. 加入适量盐。
5. 倒入煎好的荷包蛋。
6. 再加入鸡粉、味精调味。
7. 加入青蒜迅速翻炒即可出锅。

难易度 ☆☆

海鲜木须蛋

原 料

比管鱼150克，鸡蛋2个，黄瓜、水发木耳、胡萝卜各10克

调 料

色拉油、盐、味精、香油、葱姜丝各适量

制作过程

1. 将比管鱼清洗干净，直刀切开。
2. 黄瓜、胡萝卜均切菱形片，木耳撕成块。
3. 鸡蛋打入容器中，加入比管鱼，调入少许盐、味精拌匀。
4. 炒锅加油烧热，倒入蛋液比管鱼炒熟，盛出备用。
5. 净锅上火，倒入色拉油烧热，下葱姜丝爆香，放入胡萝卜煸炒。
6. 再放入黄瓜、木耳，调入盐、味精，放比管鱼鸡蛋，淋香油即可。

第五章
鲜美鱼虾小炒

抓炒鱼条

原料

净青鱼肉300克，鸡蛋1个

调料

料酒、白糖各1小匙，盐3/5小匙，香醋1/2大匙，鸡汤80克，葱、姜末、蒜泥共12克，植物油800克（实耗35克），香油3/5小匙，面粉、淀粉、味精各适量

制作过程

1. 净青鱼肉切成长方条，用盐、料酒、葱末、姜末腌渍入味，备用。
2. 在容器中打入鸡蛋，调入面粉、淀粉、水、盐和成全蛋糊，待用。
3. 鱼条挂全蛋糊，放入热油锅中炸至呈金黄色，捞出沥油。
4. 用白糖、料酒、盐、味精、鸡汤、水淀粉调成卤汁，再加入少许香醋，待用。
5. 净锅置火上，加入少许植物油，煸炒姜、蒜，烹入卤汁。
6. 放入鱼条翻炒，淋上香油，出锅装盘即成。

滑炒鱼片

原 料

新鲜鱼肉300克，青豆、水发木耳各适量

调 料

鸡蛋清1个，葱丝、姜丝、盐、料酒、水淀粉、鲜汤、香油、色拉油各适量

制作过程

1. 将鱼肉切成片，加盐、料酒、水淀粉、蛋清拌匀，入味上浆。
2. 炒锅放油烧至五成热，下鱼肉片滑散至八成熟，倒出沥油。
3. 炒锅留少许油烧热，下葱姜丝爆香，烹入料酒。
4. 放入鱼片，加盐及少量鲜汤烧开。
5. 用水淀粉勾芡，淋上香油，出锅即成。

葱烧鲫鱼

原料

鲫鱼1条（约500克），小葱100克

调料

盐2/5小匙，鲜汤200克，味精1/5小匙，醋4小匙，白糖、料酒、葱油、水淀粉各2小匙，植物油200克

制作过程

1. 将鲜活鲫鱼宰杀，刮去鱼鳞，除内脏，清洗干净，除去血污。
2. 用刀在鱼身两侧划成斜刀，注意不要划太深，每两刀之间间隔约3厘米。
3. 炒锅置旺火上，倒入植物油烧至四五成热，将鱼放入炸至半熟，捞出沥油。
4. 炒锅中加入植物油，放入葱段煎香，再放入炸好的鱼。
5. 加入盐、鲜汤、白糖、醋、料酒、味精烧制7分钟，用水淀粉勾芡，淋上葱油，出锅装盘即成。

炸鲫鱼时以四五成热油温为宜。

1 2 3

4

5

干烧鳜鱼

原 料

鳜鱼500克，猪肥瘦肉100克

调 料

盐、白糖、醋、葱、酱油、泡椒、油各适量

制作过程

1. 鳜鱼处理干净，抹上盐腌2分钟。
2. 将猪肥瘦肉剁成细末；葱去根须，洗净，切6厘米长的段；泡红辣椒去籽，剁细。
3. 将白糖、醋加适量水调匀成糖醋汁。
4. 将鱼入油锅煎成浅黄色，盛出备用。
5. 锅入油烧热，下肉末煸散，炒至亮油、肉酥时，下入葱、泡椒炒匀，加糖醋汁、酱油及清水，烧开后放入鱼，小火烧5分钟，将鱼翻身，至汤干亮油时入盘即可。

香煎鲅鱼

鲅鱼刺少肉多，且多脂肪，适合香煎或者蒸花腩。

原 料

鲅鱼300克

调 料

大葱1根，蒜头2个（拍碎），姜丝8克，盐4茶匙，酒、白糖、鸡精、酱油、豆豉、色拉油各适量

制作过程

1. 鲅鱼切段，加盐腌4个小时左右入味。
2. 锅内放油加热，下入鲅鱼，用中小火煎至鱼两面呈金黄色。
3. 倒入姜丝、大葱、蒜头、豆豉、白糖、鸡精翻炒。
4. 待闻到葱和蒜的香味后加入适量酱油和少许酒翻炒，至收汁后装盘即可。

鲇鱼烧茄子

原 料

鲇鱼400克，茄子300克

调 料

盐、味精、胡椒粉、白糖、料酒、醋、酱油、葱片、姜片、蒜片、熟猪油、高汤各适量

制作过程

1. 将鲇鱼处理好，洗净，切块。
2. 鲇鱼块下开水锅汆水，捞出沥干。再将鲇鱼块放入八成热油锅内炸至呈微黄色，捞出控油。
3. 茄子洗净，切块备用。
4. 锅内加熟猪油烧热，下入葱、姜、蒜爆香，加高汤烧沸。
5. 下入鱼块、茄块，烹料酒、酱油、醋炖25分钟。
6. 锅中入白糖、盐、味精、胡椒粉，再炖5分钟即可。

鲇鱼先汆水处理后再烹制，可减少其腥味。

1

2

3

4

5

6

难易度 ★★

回锅鲇鱼

原料

净鲇鱼肉500克，蒜苗70克

调料

鸡精4克，淀粉100克，豆豉14克，料酒15克，精炼油1000克，白糖2克，姜片12克，盐5克，郫县豆瓣20克，葱段13克

制作过程

1. 鲇鱼肉切片，用盐、料酒、姜、葱码味。
2. 蒜苗切成马耳朵形，豆瓣剁细，豆豉剁碎。
3. 锅置火上，下精炼油烧至六成热时，放入码味后的鱼片，裹上全蛋淀粉，下锅炸至定型捞出。
4. 再将油温回升到七成热，下鱼片炸至外酥呈金黄色捞出。
5. 锅入精炼油烧至五成热时，放入郫县豆瓣炒香。
6. 再加豆豉炒香出色，将鱼片回锅，加盐、白糖、鸡精炒入味，最后放蒜苗炒断生，起锅即成。

银鱼苦瓜

原 料

苦瓜1个，银鱼干、豆豉各适量，青蒜1根，红辣椒30克

制作过程

1. 苦瓜洗净，对剖开，去瓤，切成0.7厘米厚的片。
2. 青蒜和红辣椒切斜段。银鱼干泡软，洗净，沥干。
3. 豆豉冲洗一下，泡水2分钟，沥干。
4. 锅中烧热油，放入苦瓜片，大火煸炒至苦瓜回软且有香气逸出时盛出。
5. 利用锅中余油炒香银鱼，放入豆豉和姜丝同炒。
6. 加入调料，倒入红辣椒段、青蒜段和苦瓜片，大火拌炒至汁收干即可。

调 料

姜丝5克，辣豆瓣酱、酱油、植物油、白糖、盐各适量

花生辣银鱼

原 料

银鱼干100克，油炸花生米120克，青辣椒、红辣椒各5个

调 料

料酒、酱油各1大匙，蒜末15克，葱2根，大蒜酥15克，白糖、盐各1/4茶匙，植物油6~7大匙

制作过程

1. 银鱼冲洗2~3次后控干，晾10分钟。
2. 红辣椒和青辣椒都切斜片，葱切段。
3. 炒锅放4~5大匙油烧热，放入银鱼大火炸制，待银鱼变得酥脆时捞出。
4. 另起净锅，烧热2大匙油，放入葱段和蒜末炒一下，再将红辣椒片、青辣椒片和银鱼下锅。
5. 淋下料酒烹香，再加入酱油、白糖和盐翻炒一下。
6. 沿锅边淋入水，大火炒干后关火。
7. 拌入大蒜酥和花生米即可。

难易度 ★★

番茄鱼片

原 料

净鲜鱼肉300克，番茄400克

调 料

鸡蛋清、淀粉、清汤、化猪油、盐、胡椒粉、白糖、料酒各适量

制作过程

1. 将净鱼肉300克去皮洗净，片成片。
2. 将鱼肉片中加1克盐、1克胡椒粉、少许料酒拌匀，再加入蛋清、淀粉拌匀。
3. 番茄去蒂，切瓣，去籽，片成片。
4. 将盐、味精、胡椒粉、白糖、料酒、清汤和淀粉调成味汁。
5. 鱼片入油锅用筷子滑散，滗去余油。
6. 锅内加番茄推匀，烹味汁，起锅即成。

小鱼炒豆干

原 料

五香豆干5块，小鱼干120克，红椒1个

调 料

葱末、蒜末、姜末共15克，盐4/5小匙，酱油1/2小匙，白糖、醋、料酒各1小匙，植物油30克，鲜汤适量

制作过程

1. 五香豆干切片。小鱼干泡软，洗净，控干。
2. 小鱼干加葱末、姜末、料酒、鲜汤腌制入味。
3. 锅中加入清水烧沸，放入五香豆干片汆烫，捞出沥水。
4. 炒锅置旺火上烧热，倒入植物油，放入蒜末、葱末、姜末爆香，加入豆干略炒，盛起备用。
5. 锅内留少许油，放入控干水的小鱼干，调入料酒炒匀，加入豆干、盐、酱油、白糖、醋炒匀即可。

难易度 ★★

西蓝花炒鲜鱿

原料

西蓝花、鱿鱼各200克，红椒、香菇各少许

调料

色拉油、花生油各10克，盐5克，鸡精、醋各8克，葱末、姜末各少许

制作过程

❶ 将西蓝花、红椒、香菇洗净，放入沸水锅中焯水后捞出。

❷ 鱿鱼治净，改刀成片，剞花刀。将鱿鱼片放入沸水锅中汆烫至卷起、断生，捞出。

❸ 烫好的鱿鱼卷放入热油锅中过油稍炸，捞出。

❹ 炒锅放油烧热，下西蓝花、红椒、鱿鱼、葱、姜、香菇及调料，翻炒3分钟即可。

要点提示

1.西蓝花不易洗净，可以在盐水中先浸泡几分钟后再冲水，这样洗得干净。

2.西蓝花难炒熟，所以一定要先焯水后再炒。焯水的时候加入少许油，有利于西蓝花保持鲜绿的色泽。

1

2

3

4

干煸鱿鱼

原 料

鲜鱿鱼1条，蒜苗、青红椒各适量

调 料

火锅底料、姜蒜片、干辣椒、花椒、生抽、白糖、料酒、胡椒粉、香油、植物油各适量

制作过程

1. 鱿鱼处理好，洗净。
2. 将鱿鱼改刀成条。蒜苗择洗净，切段。青红椒洗净，切条，备用。
3. 锅上火烧热，用油滑一下锅，下鱿鱼小火煸干水分。
4. 洗锅上火，加少许油烧至温热，下姜蒜片、火锅料、干辣椒节、花椒、青红椒炒香。
5. 放入煸干的鱿鱼，调入生抽、白糖、料酒、胡椒粉翻炒。最后下蒜苗炒至断生，淋香油即可起锅。

1.煸鱿鱼时要用锅铲时不时压一下，让鱿鱼尽量排出水分。
2.失去水分的鱿鱼会明显收缩，有一层紫色的杂质粘在锅底，可用铲子铲除。

难易度

☆☆

宫保鱿鱼卷

原 料

鲜鱿鱼200克

调 料

白糖15克，料酒8克，花生仁80克，醋、葱丁、鲜汤各20克，盐3克，干辣椒25克，湿淀粉30克，酱油18克，蒜片、姜片各10克，花椒5克，精炼油75克

制作过程

1. 鲜鱿鱼撕去外膜，洗净，剞花刀，再切成块。
2. 花生仁炸酥后去皮备用，干辣椒切成2.5厘米长的节。
3. 将盐、白糖、醋、酱油、料酒、鲜汤、湿淀粉调成芡汁。
4. 锅内烧水至沸，入鱿鱼块汆水至卷曲捞出。
5. 锅入油烧热，炒香干辣椒、花椒，放入鱿鱼卷炒制。
6. 再加姜蒜片、葱丁炒香，烹入芡汁，收汁后加花生仁推匀，起锅即成。

1

2

3

4

5

6

泡椒墨鱼仔

原 料

墨鱼仔400克，泡辣椒85克

调 料

姜片、大蒜、葱段、盐、料酒、白糖、鲜汤、湿淀粉、色拉油各适量

制作过程

1. 将冷冻墨鱼仔自然解冻，用清水漂洗干净，除尽内脏。泡辣椒切成段。
2. 墨鱼仔汆水，待其变硬后捞出，沥干。
3. 锅内加油烧至五成热，先放入大蒜炸香，再放入姜片、泡椒段、葱段炒香。
4. 锅内烹入料酒，加入鲜汤，放入墨鱼仔用中火烧制，再加入盐、糖调味，烧制5分钟，待锅内汤汁不多时勾芡，收汁即成。

泰味墨鱼仔

原 料

鲜墨鱼仔500克，鱼子酱50克

调 料

葱、姜末共15克，洋葱末、蒲芹末各15克，料酒2小匙，盐4/5小匙，味精1/5小匙，咖喱粉2/5小匙，孜然粉3/5小匙，香油1小匙，蒜泥5克，植物油30克

制作过程

1. 墨鱼仔洗净，投入沸水锅中汆水，捞出洗净。
2. 锅放植物油烧热，放入洋葱末、姜末、葱末、蒲芹末、蒜泥、咖喱粉、孜然粉煸出香味。
3. 倒入水，加入料酒、盐、味精调好味，下入墨鱼仔，烧沸后关火，使墨鱼仔在汤中浸泡入味。
4. 起锅装盘，淋上香油，撒上鱼子酱即可。

难易度 ★

葱爆八带

原 料

八带500克，大葱10克

调 料

色拉油、盐、味精、生姜各适量

制作过程

1. 将八带清洗干净，切成段。
2. 大葱择洗干净，切成段。生姜切片。
3. 炒锅上火，倒入水烧开，下入八带汆熟，捞起沥水。
4. 净锅上火，入色拉油烧热，下姜片、葱段爆香，放八带，调入盐、味精炒匀即可。

椒盐大虾

原 料

大虾400克，青、红椒各50克，大葱40克

调 料

盐、味精各1小匙，细辣椒面少许，植物油500克（实耗15克）

制作过程

1. 大虾背上切一刀，用牙签挑除虾线，洗净。
2. 炒锅置旺火上，加入清水烧沸，放入大虾汆水，捞出控干。
3. 处理好的大虾放入七成热油锅中炸熟，捞出待用。
4. 将青红椒洗净，去蒂、籽，切片。大葱切段。
5. 净锅放入植物油，下葱段爆香，放入红绿椒、大虾。
6. 调入盐、细辣椒面、味精，翻炒均匀入味，出锅装入盘中即成。

炸虾时油温可高些，这样能使炸好的虾口感酥脆。

难易度 ☆☆

泰式咖喱虾

原料

草虾8只，洋葱1/2个，芹菜、小葱各2根，红辣椒2个，鸡蛋1个，椰奶4大匙

调料

咖喱粉1大匙，料酒1茶匙，盐1/3茶匙，白糖1/2茶匙，清汤1杯，植物油2大匙

制作过程

1. 草虾修去头须，剥去2/3的虾壳，留下尾壳。
2. 洋葱切丝，芹菜、红辣椒和葱分别切段。
3. 鸡蛋磕入碗中，加2大匙椰奶打散。
4. 炒锅加油烧热，炒香洋葱丝，再加咖喱粉同炒。
5. 放入料酒、清汤、盐、白糖，下入草虾和芹菜段翻炒数下。
6. 盖锅盖焖煮至虾熟（约1分钟），淋入鸡蛋液，轻轻拌匀。
7. 再淋入剩下的椰奶，晃动锅子，炒匀即可。

木耳香葱爆河虾

小河虾要选外壳清洁、色淡黄、有光泽，外形大小均匀，虾身硬实饱满，头尾齐全的。

原 料

小河虾350克，木耳、香葱段各50克

调 料

盐1小匙，味精1/3小匙，鸡粉1/4小匙，植物油2大匙

制作过程

1. 小河虾洗干净，除去泥沙杂质。
2. 炒锅置旺火上，加入清水烧沸，放入小河虾汆水。
3. 木耳用清水浸泡至涨发，捞出择洗干净，备用。
4. 炒锅中加入植物油烧热，下入葱段爆香，加入小河虾、木耳。
5. 调入盐、鸡粉、味精翻炒均匀，炒至入味，淋明油，出锅盛盘即成。

韭菜河虾

原 料

河虾200克，韭菜100克，鲜紫苏、泰椒各少许

调 料

胡椒粉5克，味精5克，鸡粉5克，色拉油1000克，盐适量

制作过程

1. 将河虾洗净，去头改刀。韭菜洗净，切段。
2. 将紫苏切碎，泰椒切小段。
3. 将河虾入沸水锅中汆水，捞出沥干。
4. 锅入油烧热，油温八成热时倒入沥干的河虾浸炸。
5. 另起锅加入少许油，放入泰椒。
6. 煸香泰椒后加入河虾。
7. 将河虾炒香，加入胡椒粉、味精、鸡粉调味。
8. 再加入韭菜段和紫苏碎翻炒，即可出锅。

芦笋百合炒明虾

原料

芦笋、百合各200克，大虾100克

调料

葱花、蒜片共10克，盐、白糖各1小匙，味精1/3小匙，水淀粉10克，植物油25克

难易度

☆☆

制作过程

❶ 将芦笋剥壳，削皮，去老根，洗净。

❷ 芦笋切段。鲜百合用水冲洗干净，待用。

❸ 大虾洗净，用牙签挑除沙线。

❹ 锅中加水烧沸，放入大虾汆水，捞出，除去头，装盘备用。

❺ 开水锅中再放入芦笋焯水，立即捞出，沥水。

❻ 炒锅置火上烧热，下入植物油，待油温升至六七成热时放入葱、蒜爆香，放入芦笋、百合、大虾同炒。

❼ 加入盐、白糖、味精翻炒均匀入味，用水淀粉勾芡，淋明油，出锅装盘即成。

此菜需要中火翻炒，以保持芦笋翠绿的色泽。

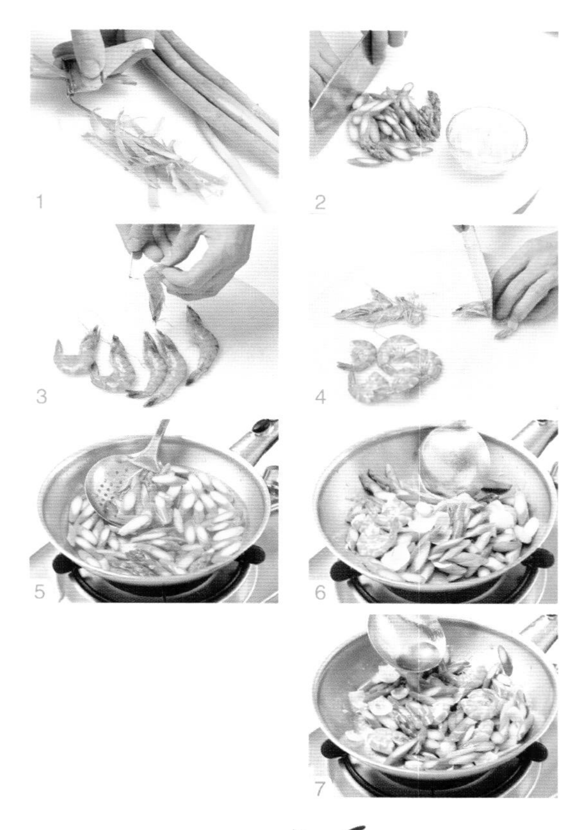

青瓜腰果虾仁

原 料

黄瓜250克，腰果50克，虾仁150克，胡萝卜少许

调 料

葱花6克，盐4/5小匙，味精1/5小匙，植物油20克

制作过程

1. 黄瓜削去外皮，剖开除去瓤，洗净。
2. 黄瓜切成片。胡萝卜洗净，也切成同黄瓜大小一致的片，装盘备用。
3. 锅中加清水烧沸，将虾仁下锅氽水，立即捞出，沥水。另起锅烧热，下入植物油烧至六成热，将腰果下油锅中炸熟，捞出沥油。
4. 炒锅加入植物油，置旺火上烧至八成热，下葱花炸香，倒入黄瓜、腰果、虾仁、胡萝卜同炒。
5. 加入盐、味精调味，淋明油，出锅装盘即成。

麻辣小龙虾

原 料

小龙虾500克

调 料

干红辣椒、葱姜蒜末、花椒、料酒、生抽、醋、白糖、盐、鸡精、香油、油各适量

制作过程

1. 小龙虾洗净，用料酒腌制10分钟。
2. 锅内加油烧热，下入小龙虾炸至八成熟，关火，将虾捞出沥油。
3. 锅中留油再次烧热，下葱姜蒜末、干红辣椒和花椒爆香。
4. 小龙虾倒入锅中大火翻炒，放盐、生抽、醋、白糖，淋清水，加盖中火烧3分钟。
5. 汤滚后改大火快速翻炒，放鸡精、香油，待汁快收干时起锅即可。

难易度 ★★

酸椒炒蟹

原 料

海蟹2只，红椒1个

调 料

蒜蓉2小匙，盐、白糖各5克，淀粉、色拉油各适量，蒜段少许

制作过程

1. 海蟹腹部朝上放菜墩上，用刀沿脐甲的中线剁开。
2. 揭去蟹盖，刮掉鳃。
3. 洗净蟹，剁成块，裹上淀粉。
4. 炒锅倒油烧热，放入海蟹、蒜蓉炸至呈金黄色，一起捞出控油。
5. 锅内留底油烧热，放入红椒片、蒜段、盐、白糖（盐、白糖的比例为1：5）、蟹块，翻炒熟即可。

海蟹味道鲜美，因此不必加味精。新鲜的海蟹色泽鲜艳，眼睛突起，口中含有泡沫，腹微凸，腹面甲壳和中央沟色泽洁白有光泽，手压腹面较坚实，螯足挺直，鳃丝清晰呈白色或稍带褐色，步足和躯体连接紧密。

香辣蟹

原 料

河蟹700克

调 料

姜片10克，鲜紫苏5克，葱花10克，干辣椒段50克，香辣酱、辣妹子、香油、红油、色拉油、味精、鸡精各适量

制作过程

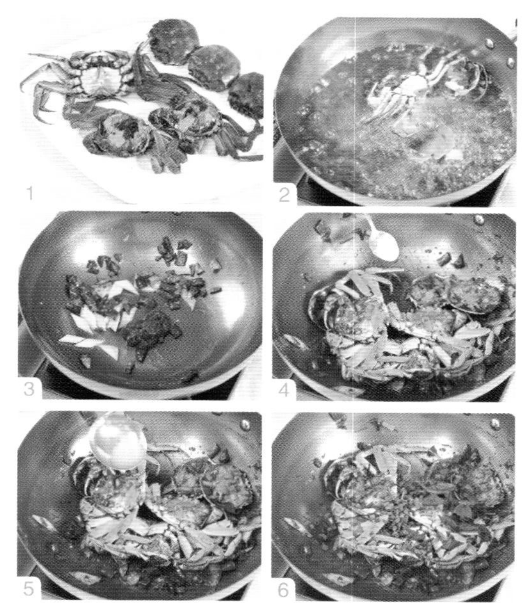

1. 将蟹宰杀，去壳，去内脏，洗净。
2. 锅入油烧至八成熟，将蟹放入炸成金黄色，捞出，备用。
3. 锅底留油，加干辣椒段、姜片、葱花、香辣酱料、辣妹子炒香。
4. 倒入螃蟹，加红油炒香，加味精、鸡精、香油调味。
5. 小火炒1分钟后再放入白醋。
6. 撒上葱花和紫苏，起锅即可。

难易度

★★

辣炒丁螺

原料

丁螺500克，香菜30克

调料

色拉油、盐、味精、白糖、干红椒、酱油、葱姜蒜末、香油各适量

制作过程

1. 丁螺洗净泥沙，沥干水。
2. 香菜择洗干净，切成段。
3. 净锅上火，倒入色拉油烧热，下干红椒、葱姜蒜末炒香。
4. 炒锅内烹入酱油，下入丁螺煸炒1分钟。
5. 倒入适量水，调入盐、味精、白糖，中火炒制成熟。
6. 撒入香菜段，淋香油即可。

韭菜炒田螺

原 料

田螺400克，韭菜200克

调 料

色拉油100克，味精3克，盐5克，紫苏20克，孜然10克，鸡粉、小米椒各少许

制作过程

1. 将田螺洗净，汆水，用牙签把田螺肉挑出，清洗，撒盐，用手抓腌，去泥沙后再次洗净汆水，盛盘，备用。
2. 将韭菜切成1厘米长的段，小米椒切圈，紫苏切碎。
3. 锅入油烧热，放入田螺肉煸炒。
4. 加入小米椒，放入韭菜、紫苏，加盐、味精、鸡粉、孜然调味，炒熟即可出锅。

豉汁扇贝

原 料

扇贝500克

调 料

豆豉、蒜泥、酱油、蚝油、香菜末、水淀粉、香油、花生油各适量

制作过程

1. 扇贝洗净，沥去水。
2. 锅中加适量清水，放入扇贝烧开，待扇贝稍张开口时捞出。
3. 将扇贝去掉半片壳，摆放盘中。
4. 炒锅放油烧热，下蒜泥、豆豉炒香。
5. 放入蚝油、酱油及少许清水烧开，用湿淀粉勾芡。
6. 淋上香油，撒入香菜末，均匀地浇在扇贝肉上即成。

辣炒花蛤

原 料

花蛤500克，香菜100克

调 料

色拉油、酱油、白糖、葱姜蒜末、干红椒、香油各适量

制作过程

1. 花蛤吐净泥沙后洗净，控干水。
2. 香菜择洗干净，切成段。
3. 净锅上火，倒入色拉油烧热，下葱姜蒜末、干红椒炒香。
4. 炒锅内烹入酱油，下入花蛤翻炒至张口。
5. 下入香菜，调入白糖，迅速翻炒均匀，淋香油即可。

难易度 ☆☆